AF357688

L'OUVRIER MENUISIER

TRAITÉ COMPLET

DE

DESSINS APPLIQUÉS A LA MENUISERIE

PAR

P.-F. GADRIOT

MENUISIER - ÉBÉNISTE - DESSINATEUR

Chef du Cabinet /Dessin des Emménagements et Ornementations des Paquebots des Services Maritimes des Messageries Impériales, à La Ciotat (Bouches-du-Rhône).

1-10ᵉ Livraisons

CONDITIONS DE LA SOUSCRIPTION
POUR LA PREMIÈRE PARTIE.

Chaque Livraison séparée, composée de 2 feuilles de text. et de 5 planches............. 3 fr. 50

Toute /rsonne qui souscrira aux dix livraisons de la première partie, recevra l'Ouvrage *franco* à domicile, à raison de 3 fr. 50 la livraison.

MARSEILLE
CAMOIN FRÈRES, LIBRAIRES-ÉDITEURS
Rue Saint-Ferréol, 4.

1860

Marseille, Typ. et Lith. Arnaud et Comp. Cannebière, 16.

1re PARTIE
L'ART DU TRAIT
L'OUVRIER MENUISIER
TRAITÉ COMPLET
DE
DESSINS APPLIQUÉS A LA MENUISERIE
PAR
P.-F. GADRIOT
Menuisier-Ebéniste-Dessinateur.
EN VENTE CHEZ L'AUTEUR
A
LA CIOTAT

MATÉRIEL DU DESSINATEUR.

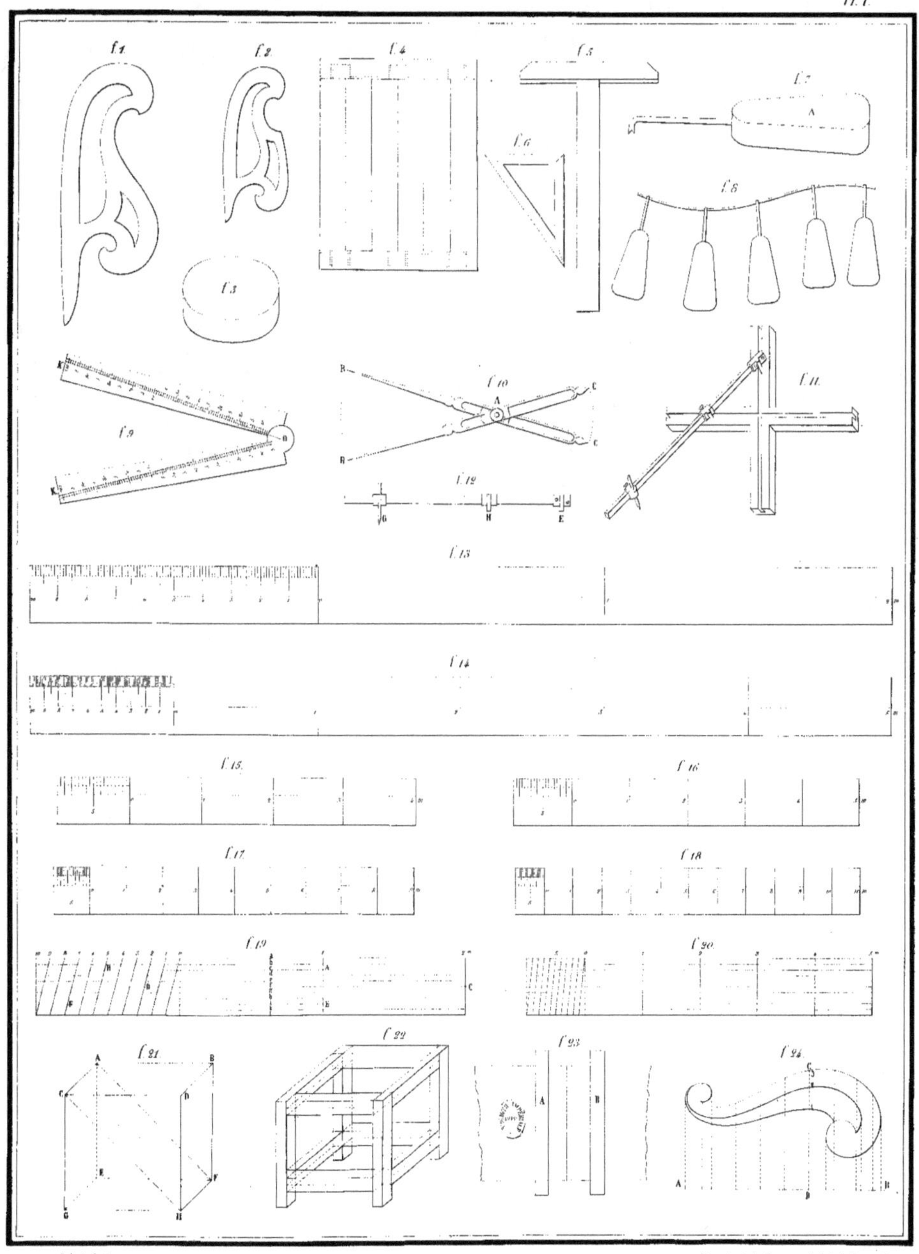

GÉOMÉTRIE ÉLÉMENTAIRE.

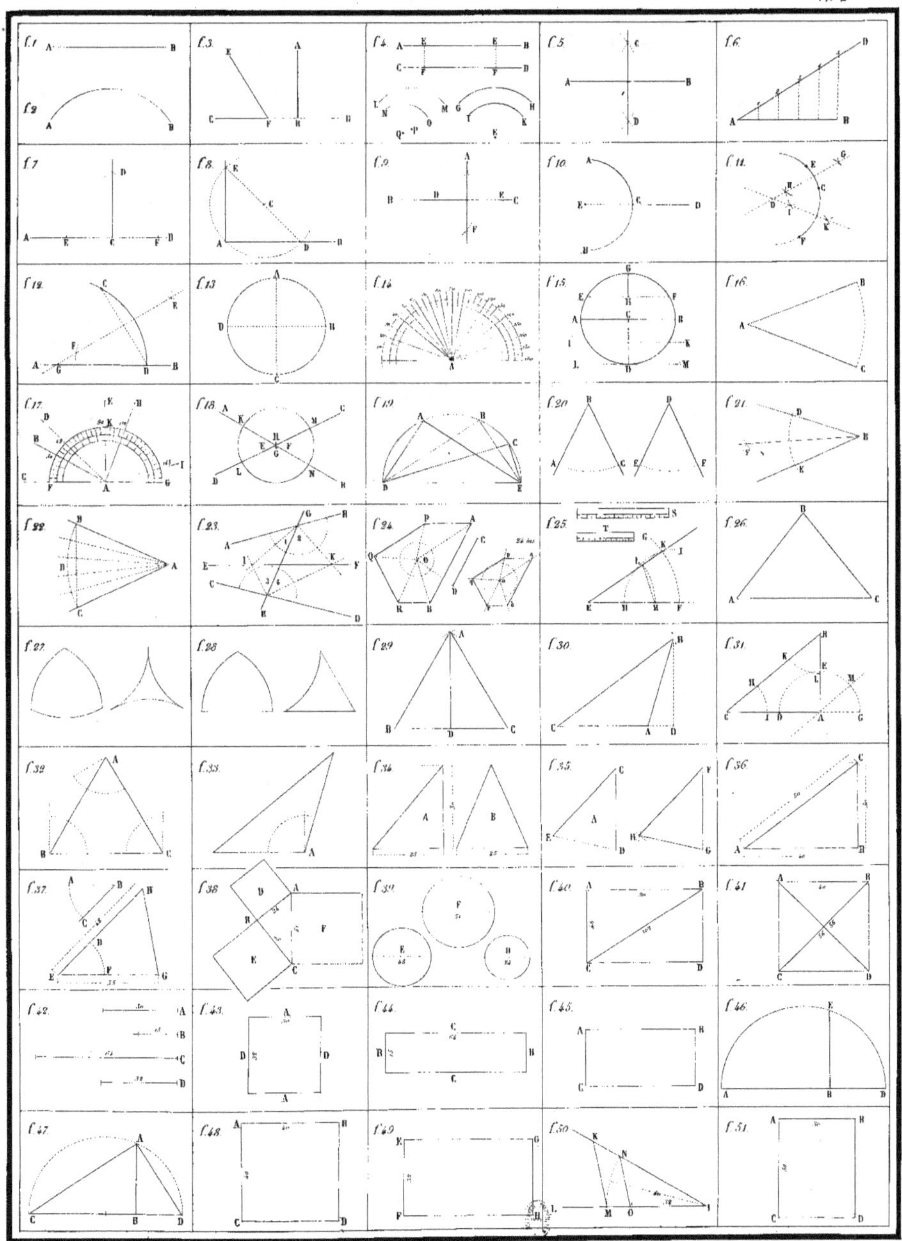

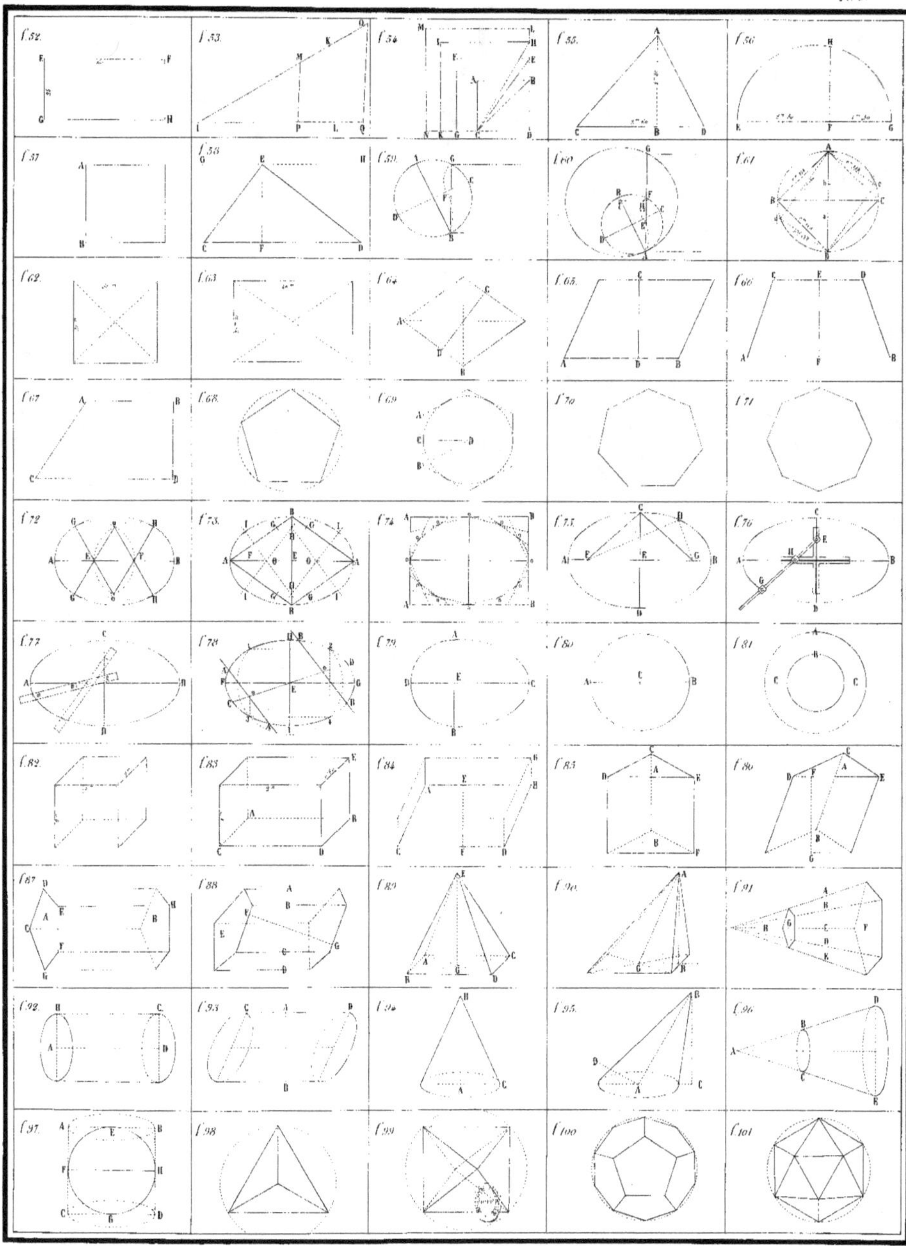

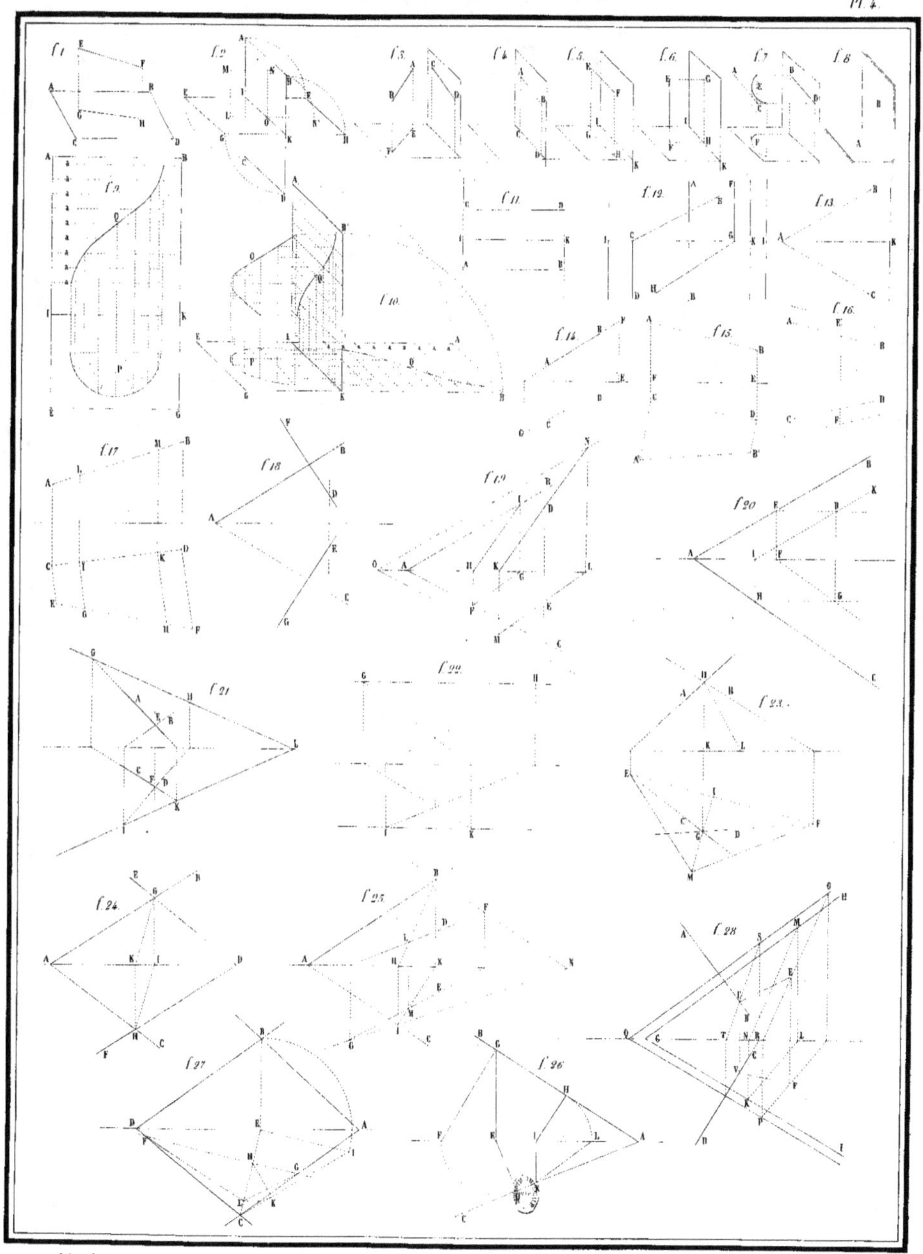

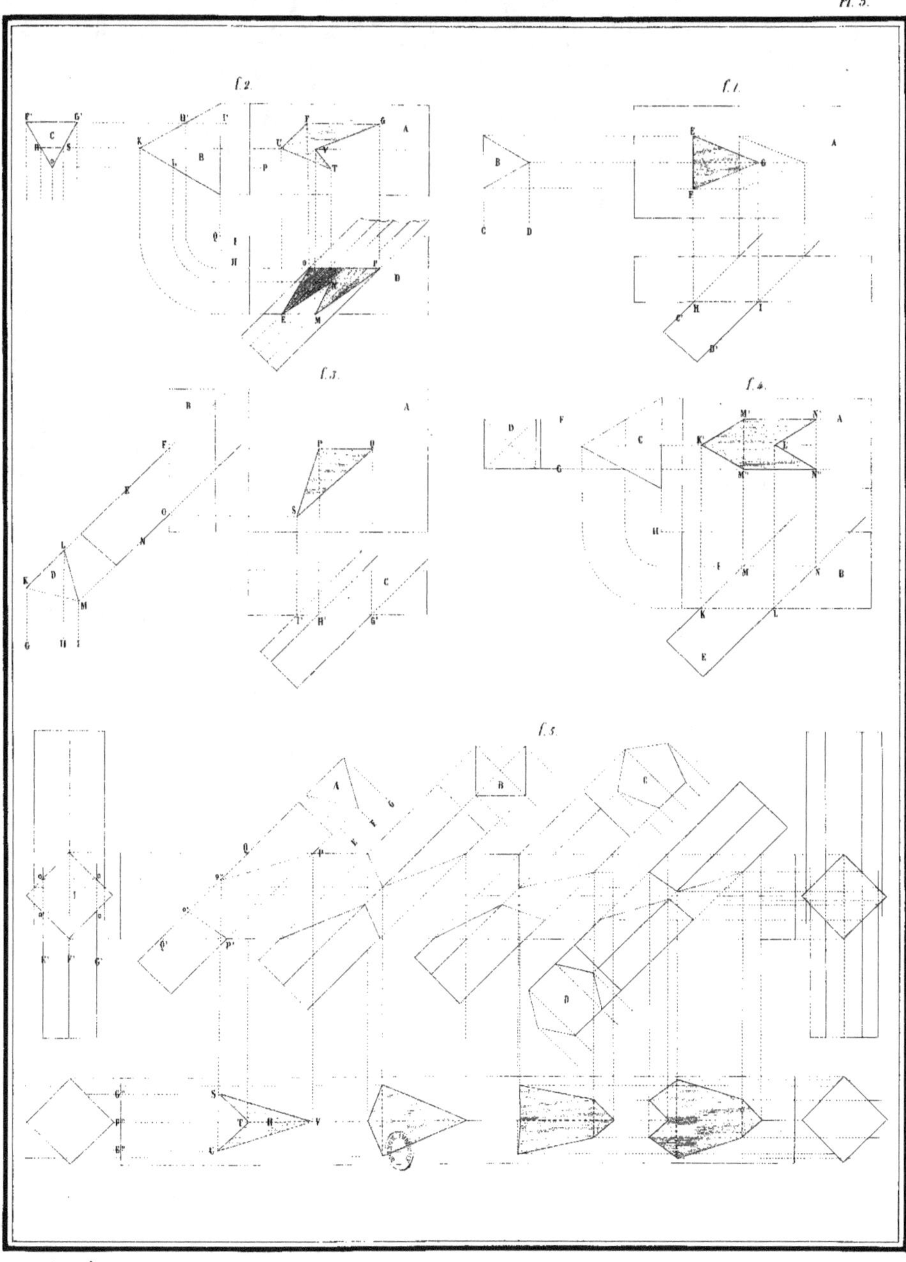

f.2.
f.1.
f.3.
f.4.
f.5.

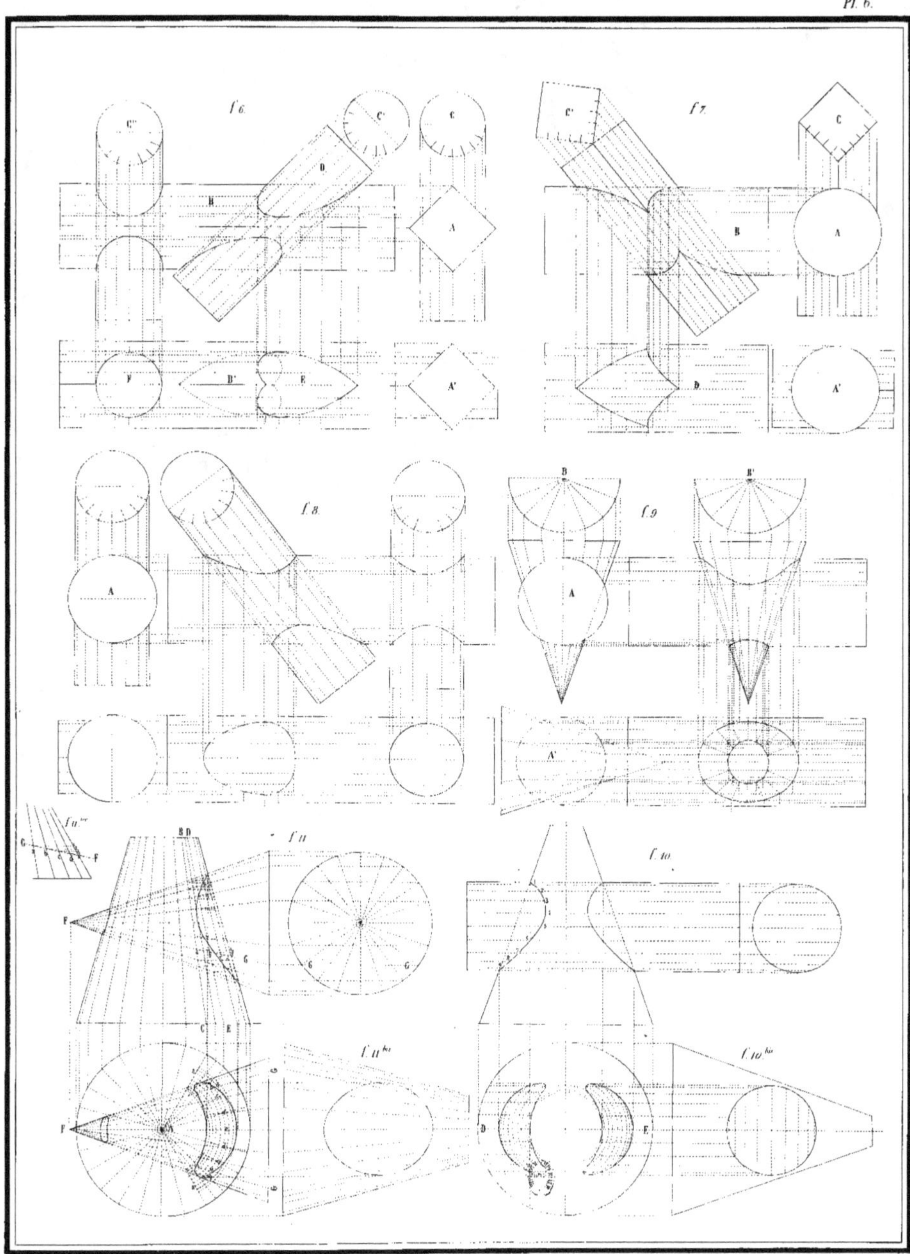
f. 6.
f. 7.
f. 8.
f. 9.
f. 10.
f. 11.
f. 10 bis
f. 11 bis

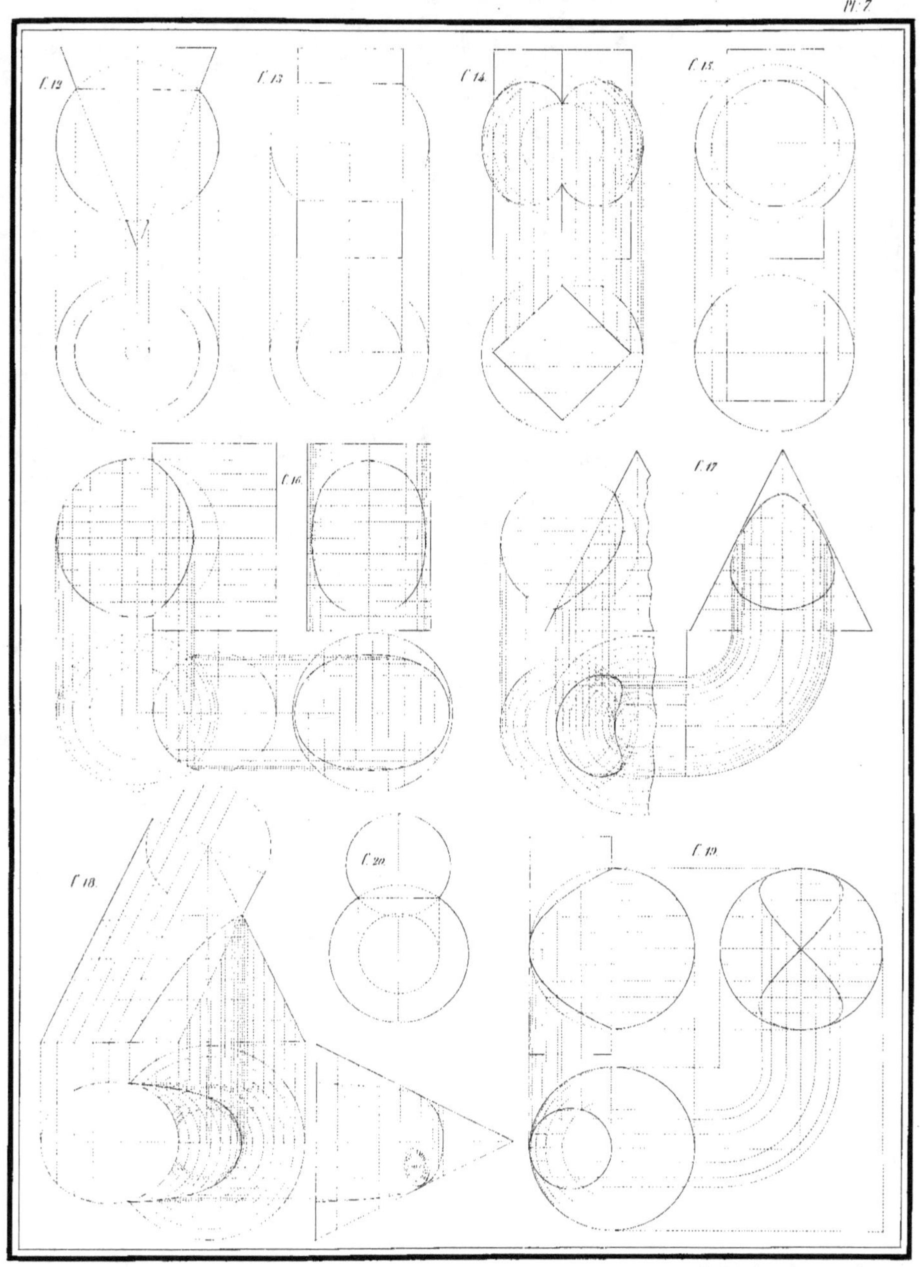

F. 12.
F. 13.
F. 14.
F. 15.
F. 16.
F. 17.
F. 18.
F. 20.
F. 19.

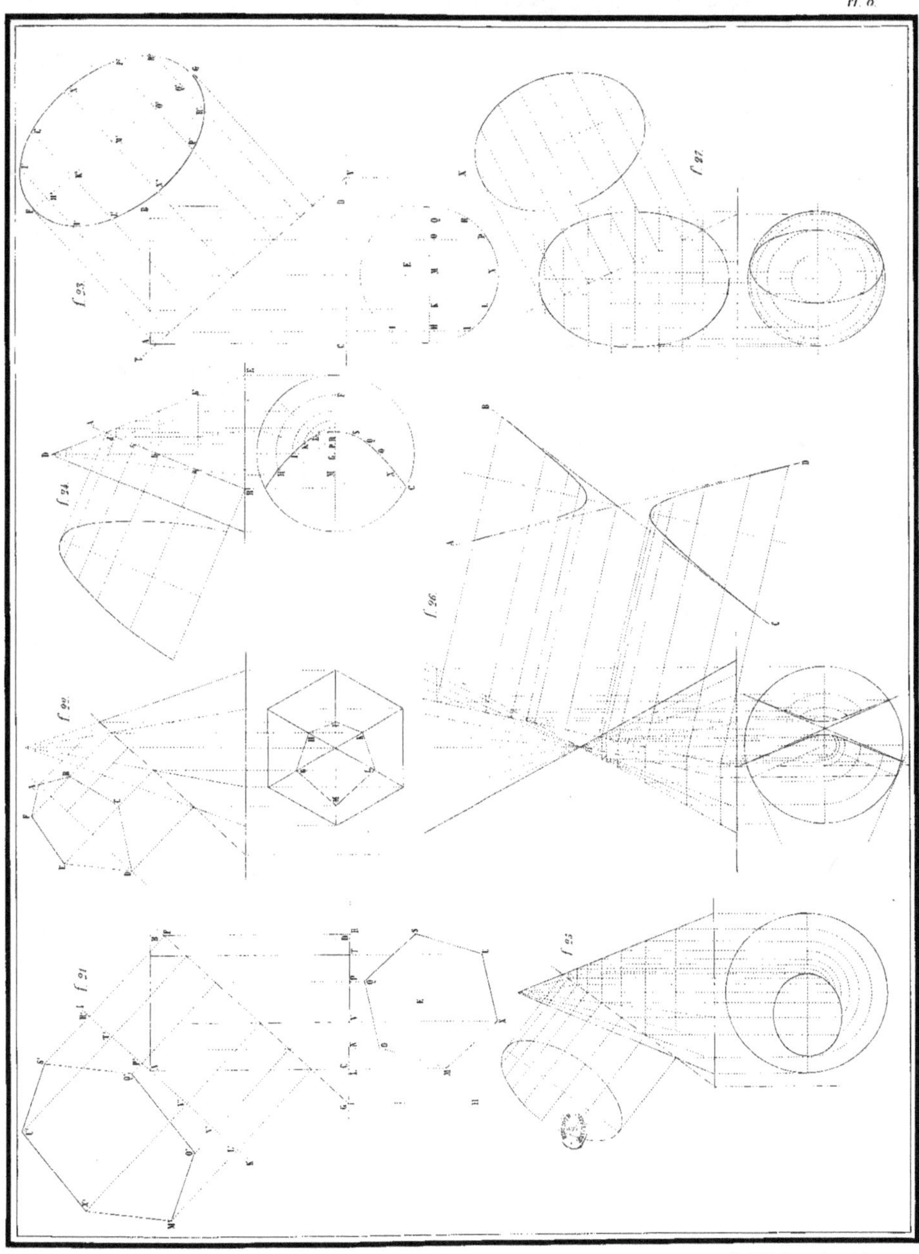

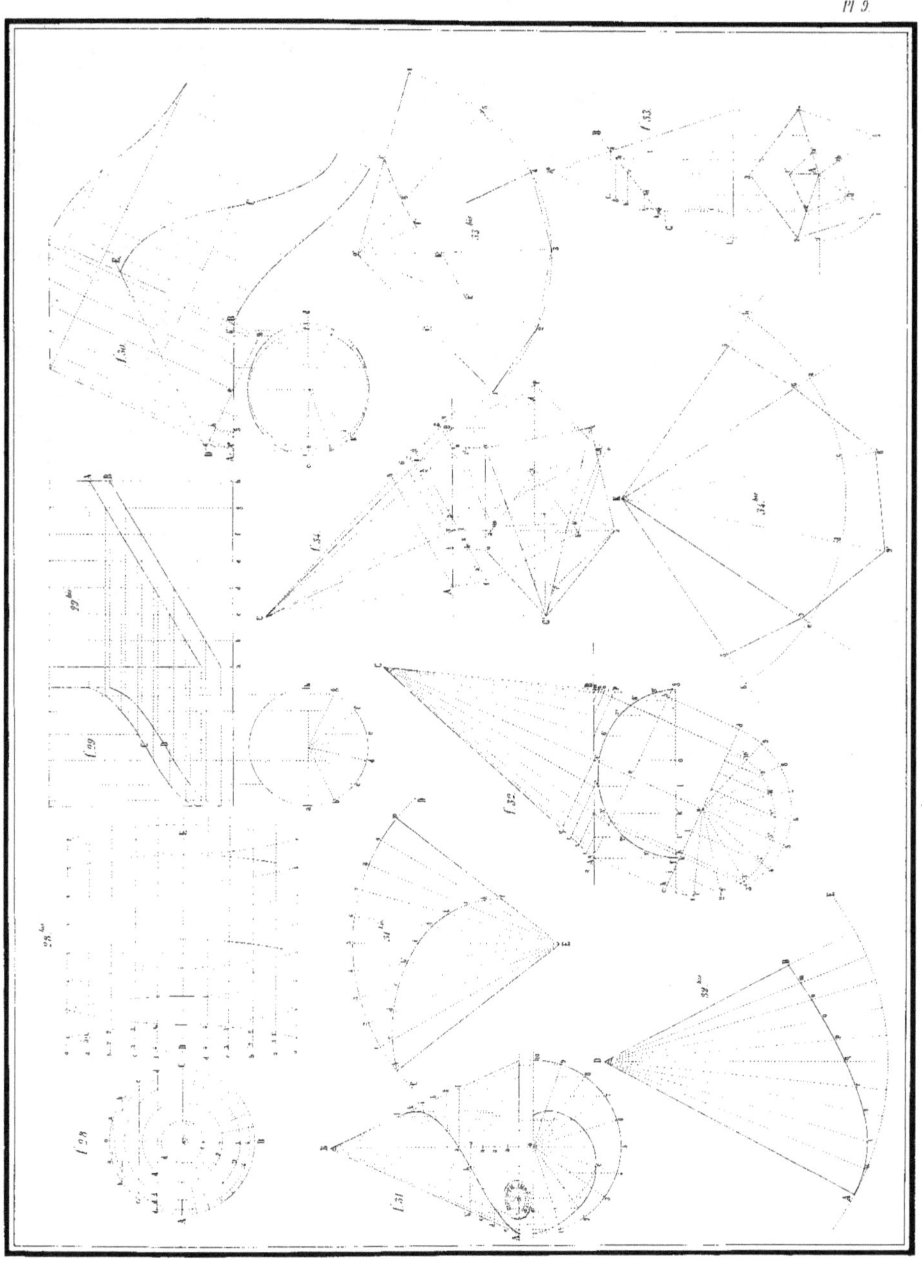

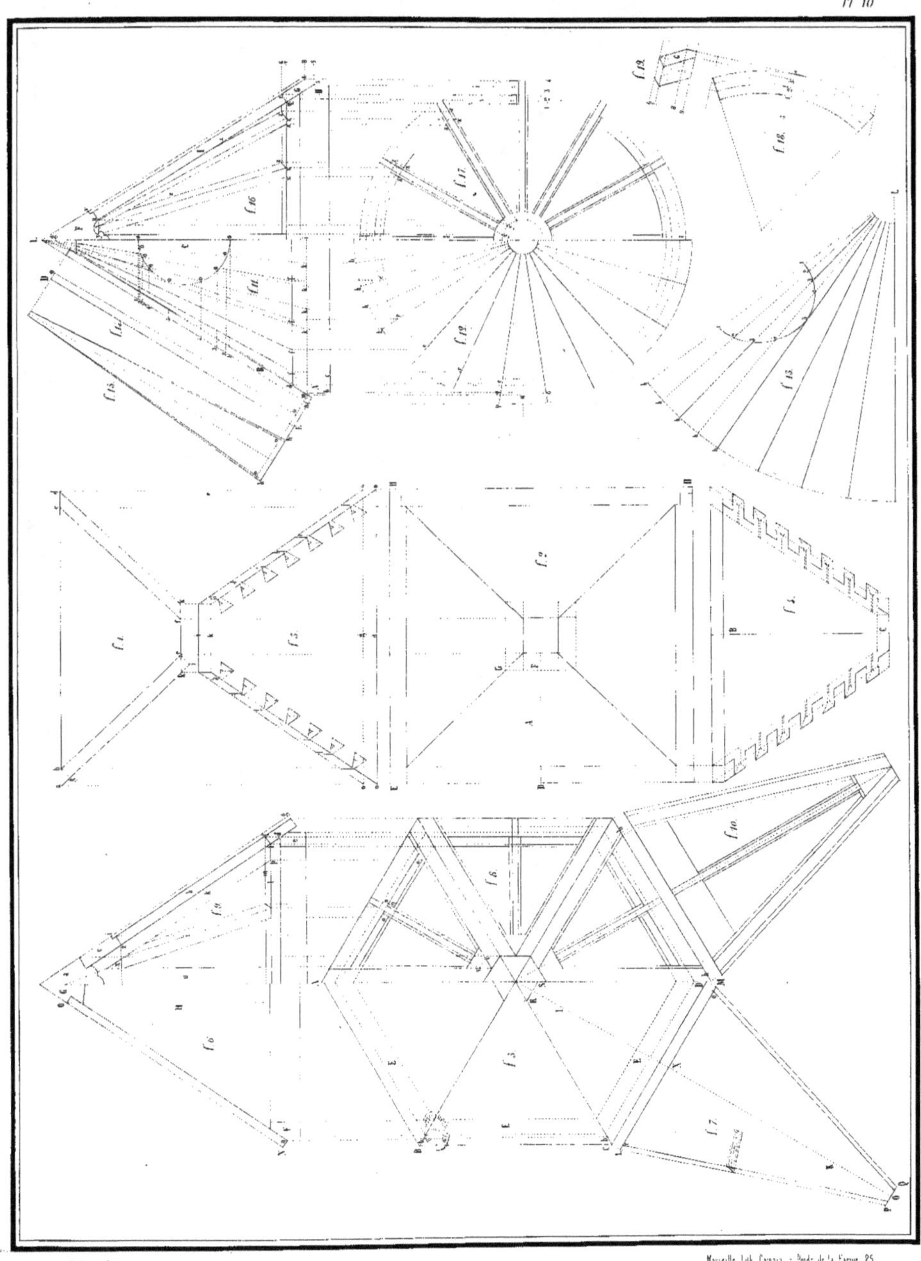

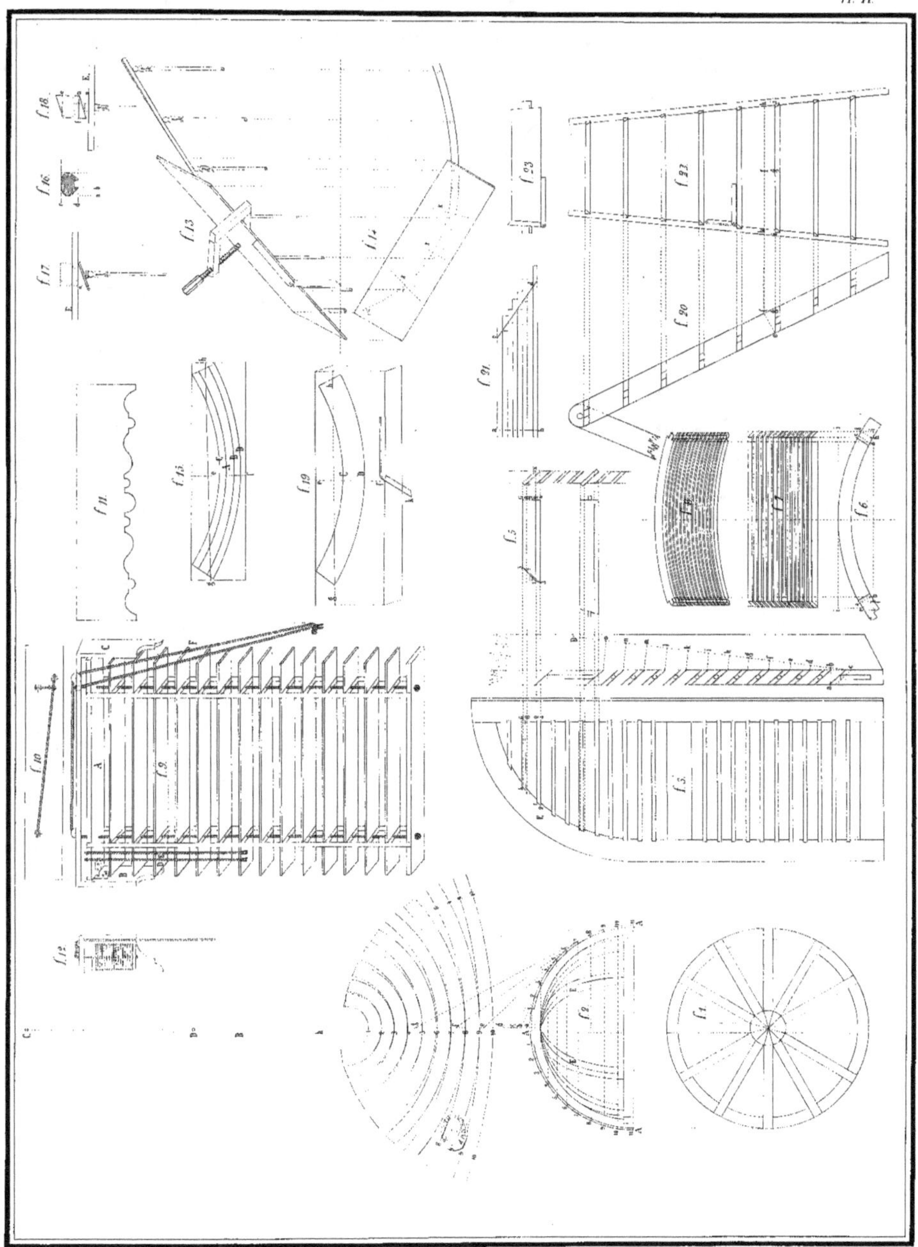

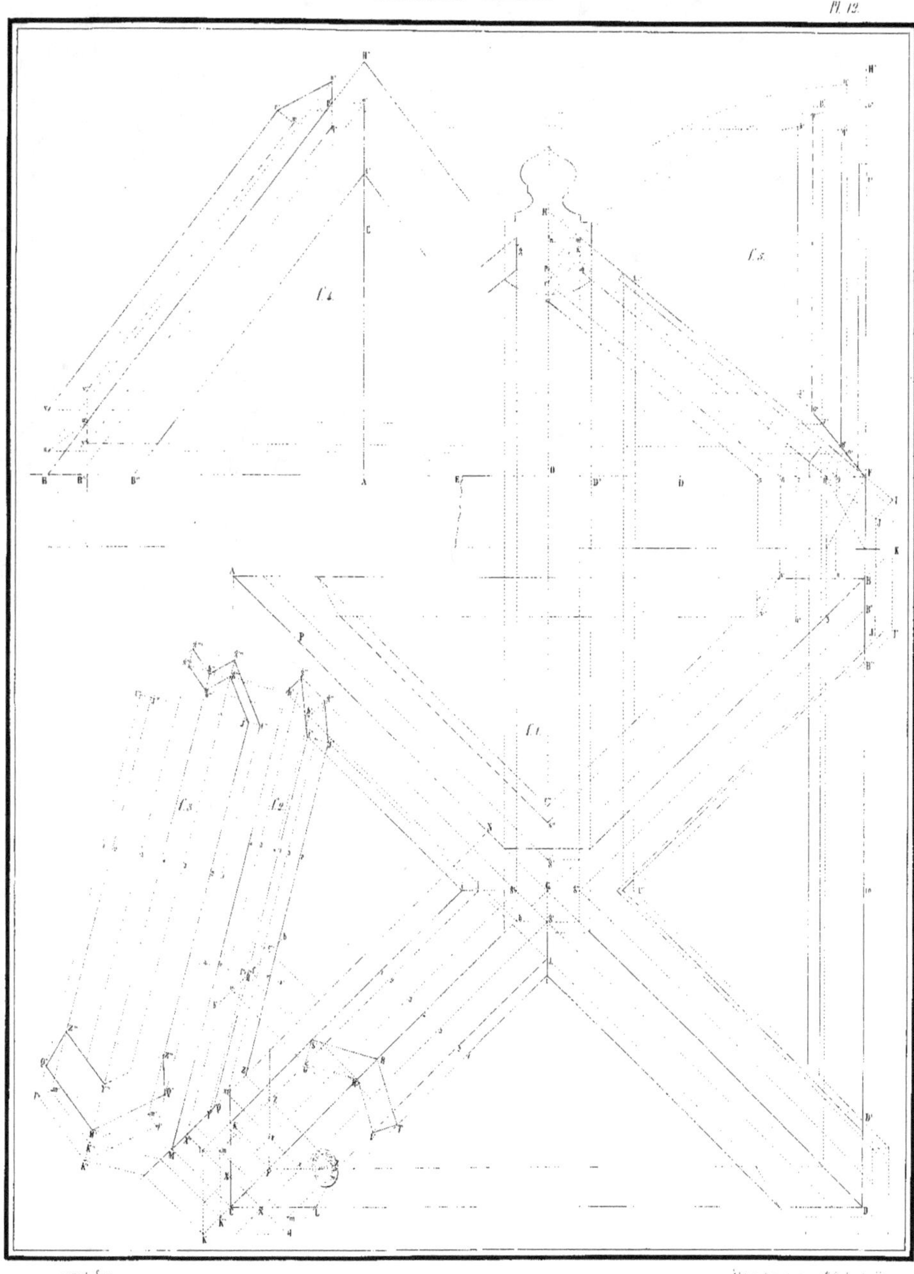

ARRÊTIER DROIT.

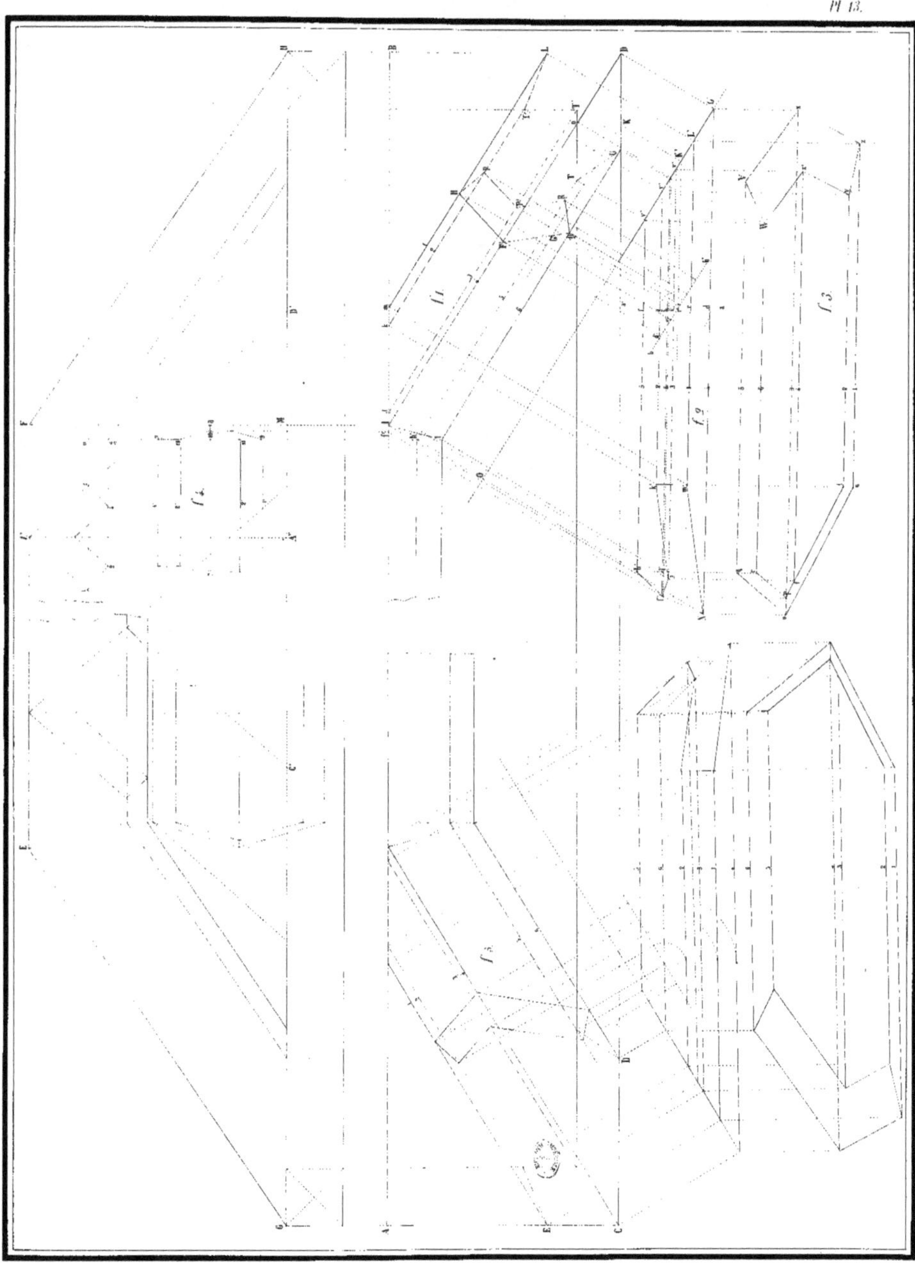

TRÉMIE EN ASSEMBLAGE.

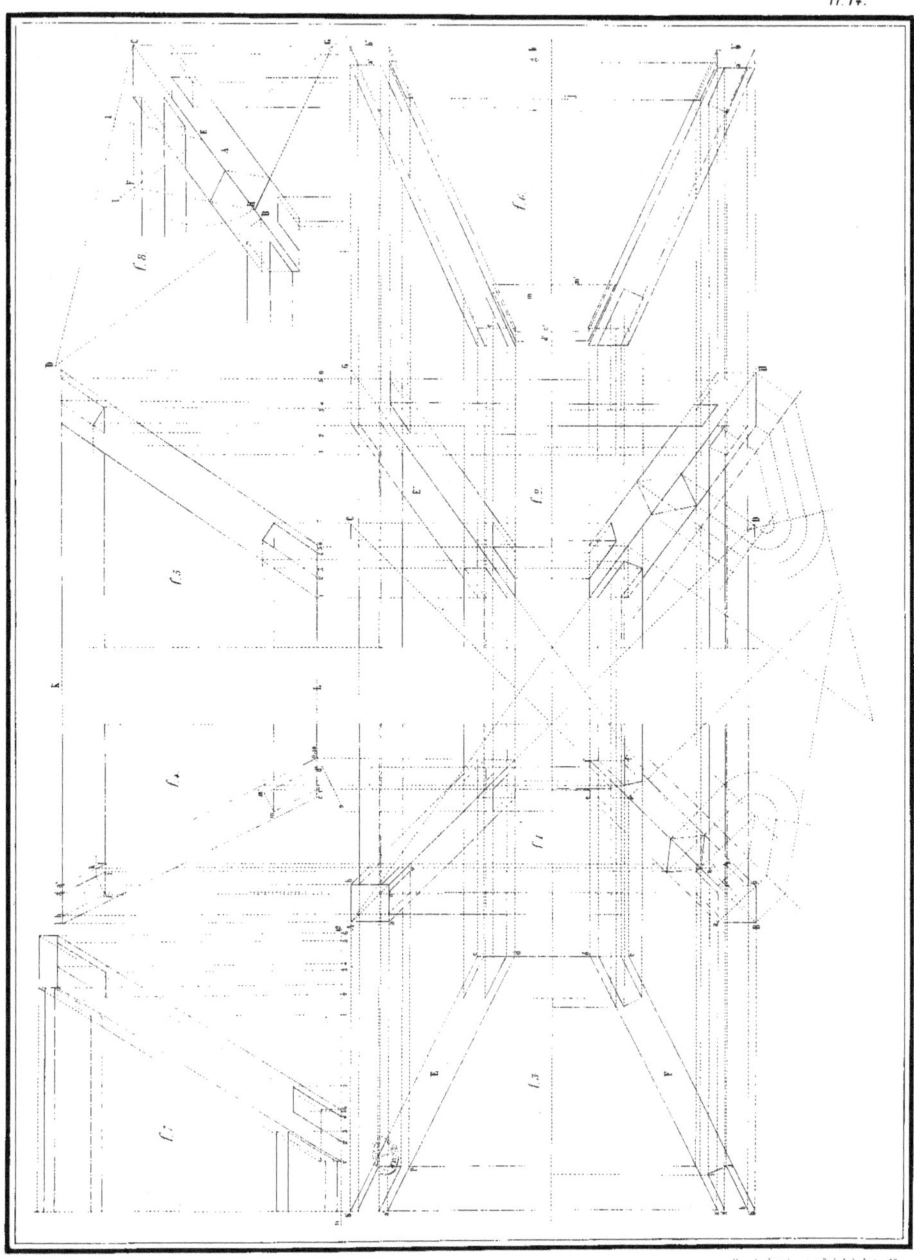

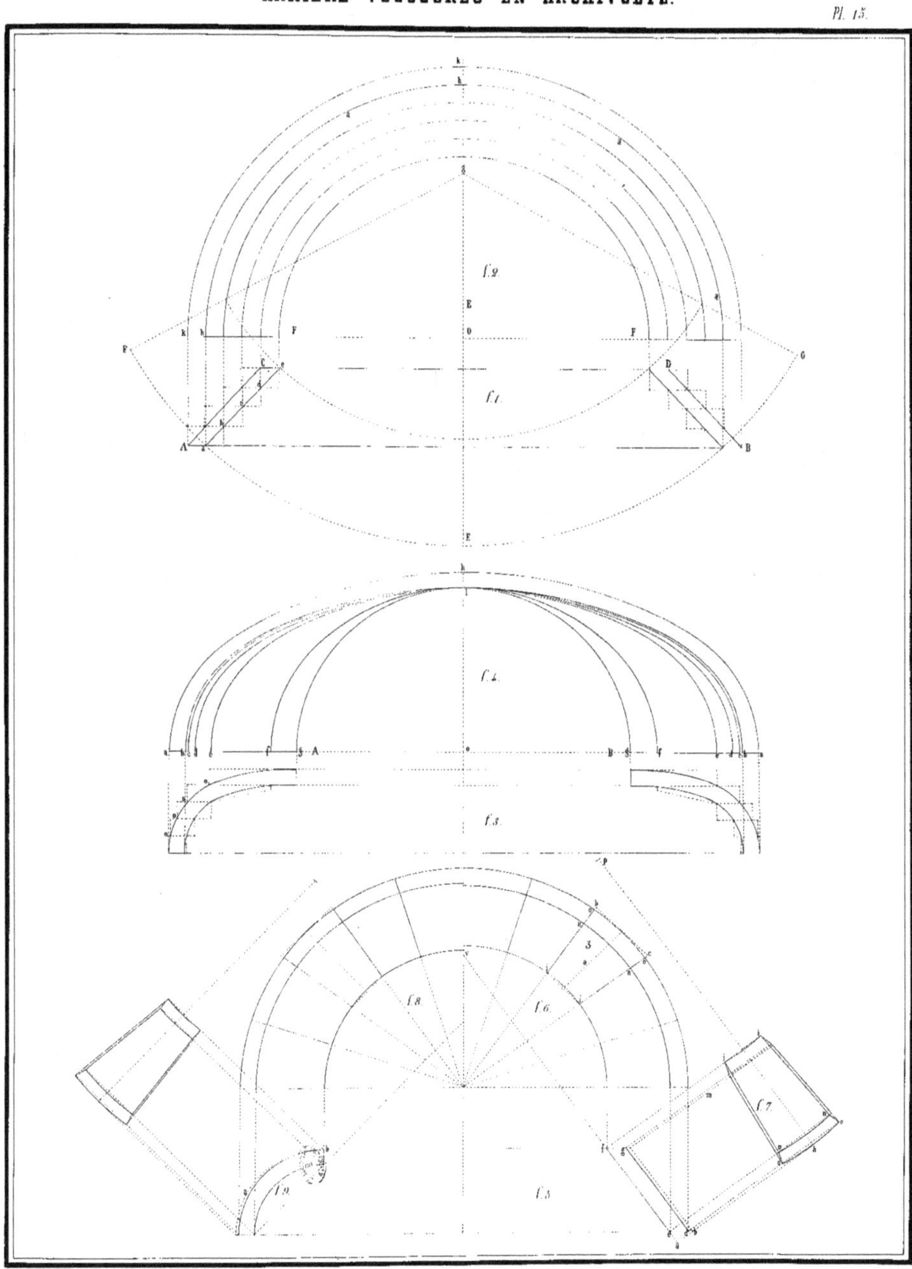
f.2
f.1
f.4
f.3
f.8
f.6
f.9
f.5
f.7
A
B
C
D
E
F
G
O

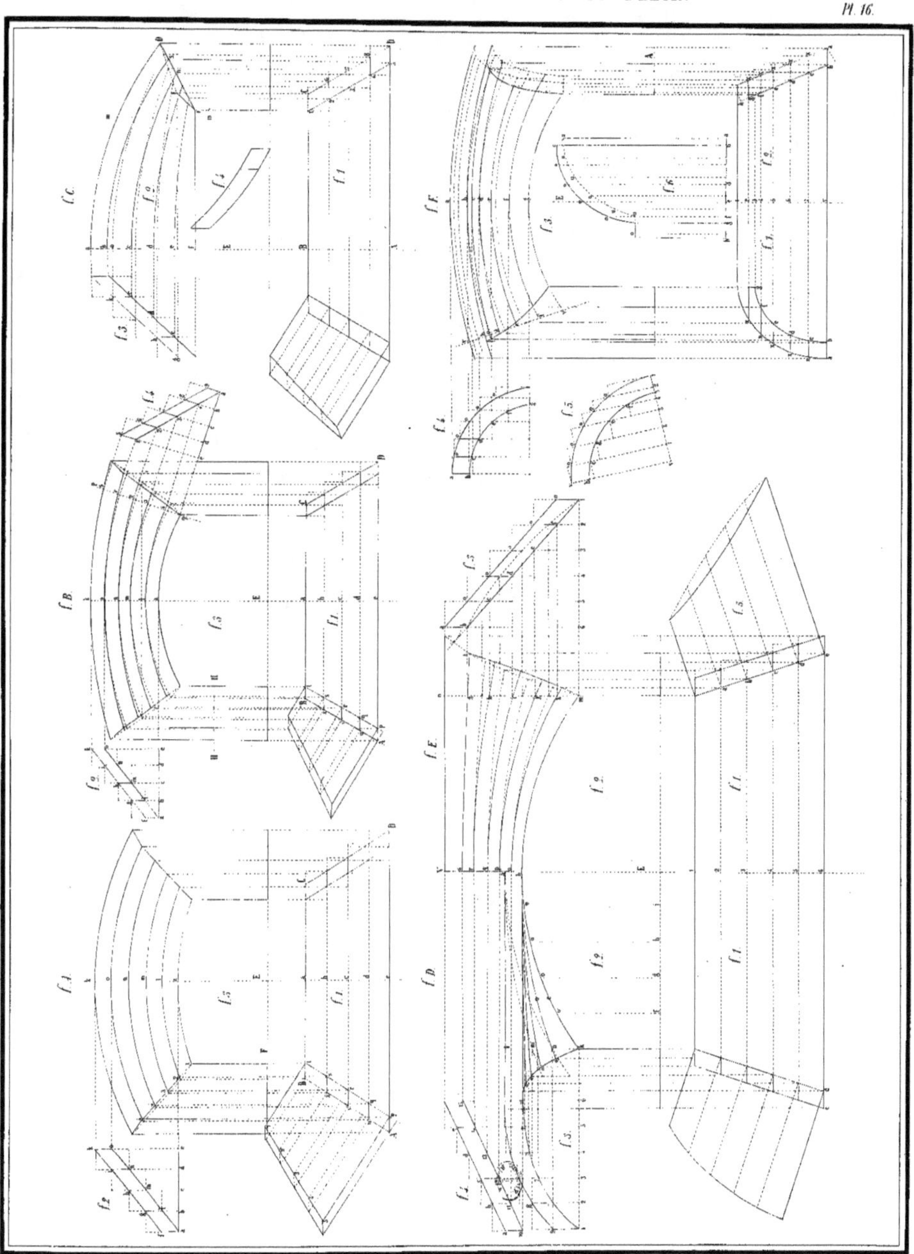

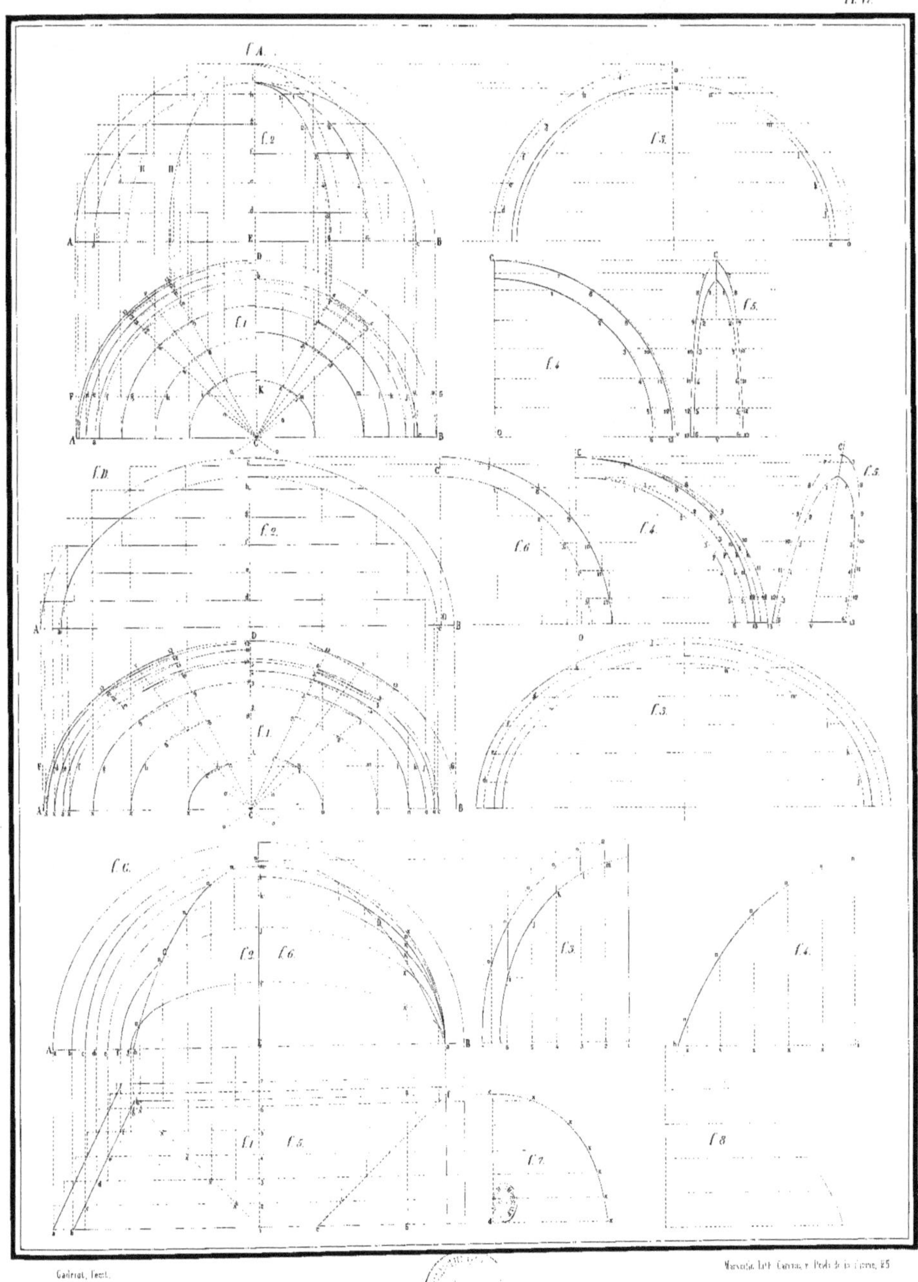

Pl. 18.

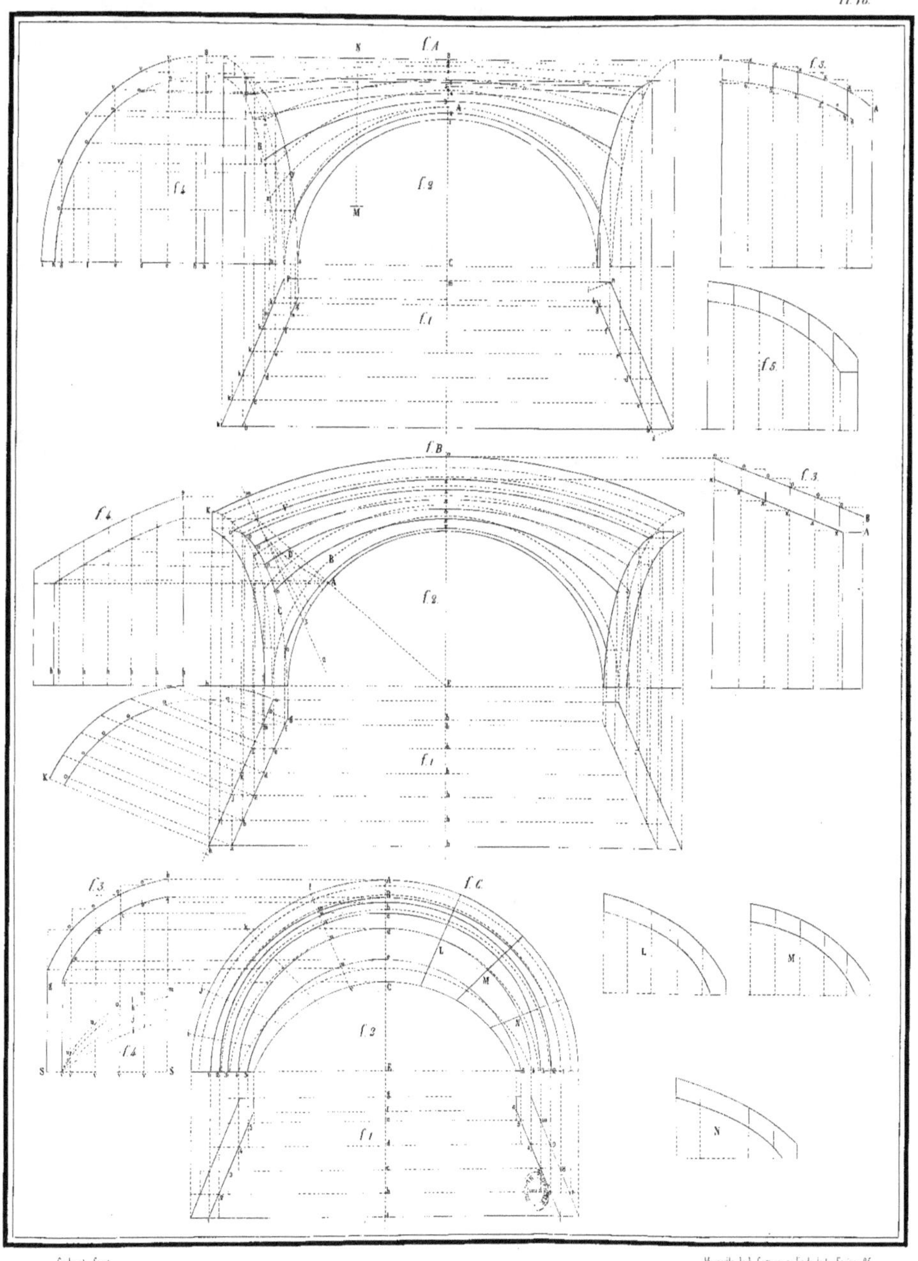

Cadriot fecit

Marseille Lith Cacmon. — Fonds de la Ferine. 25

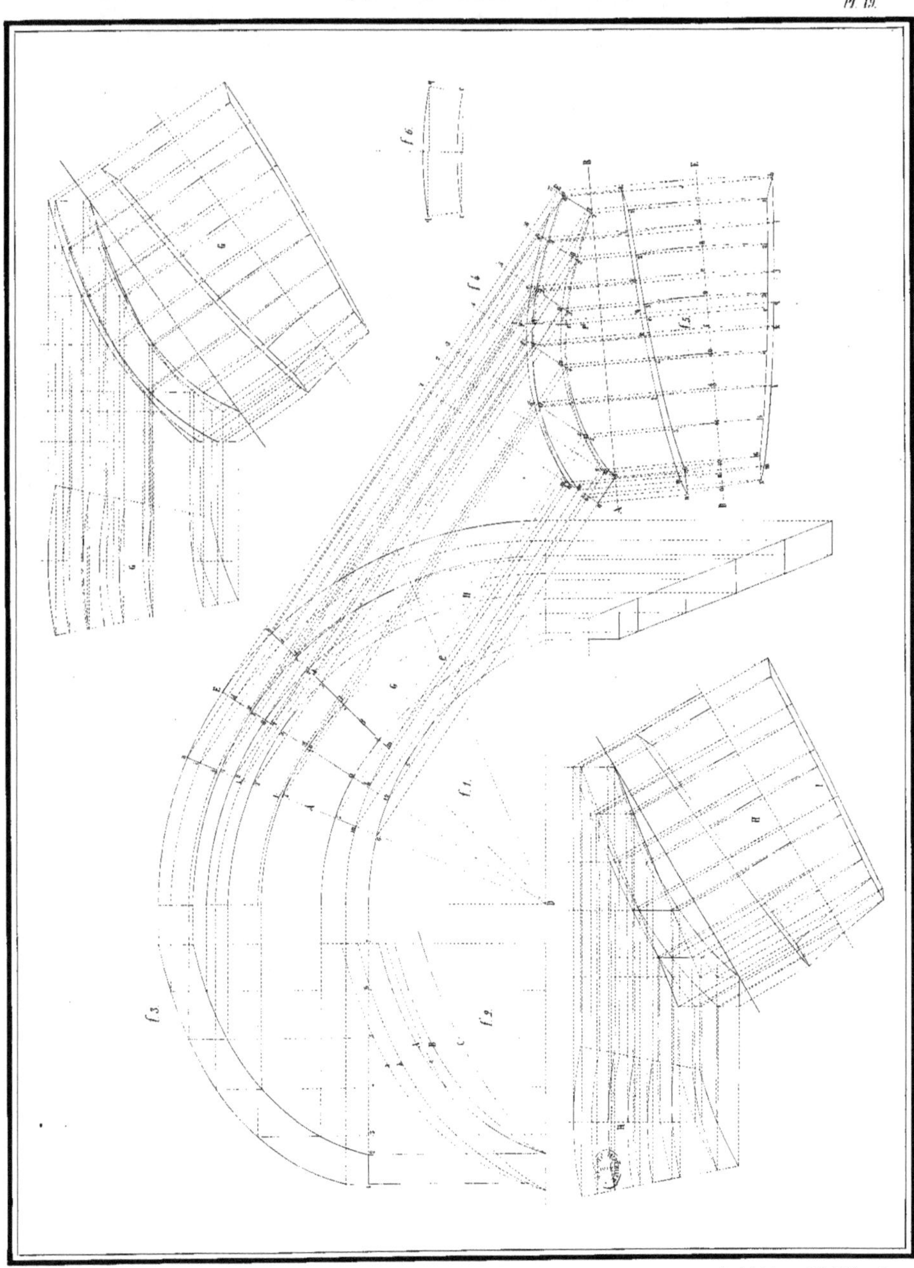

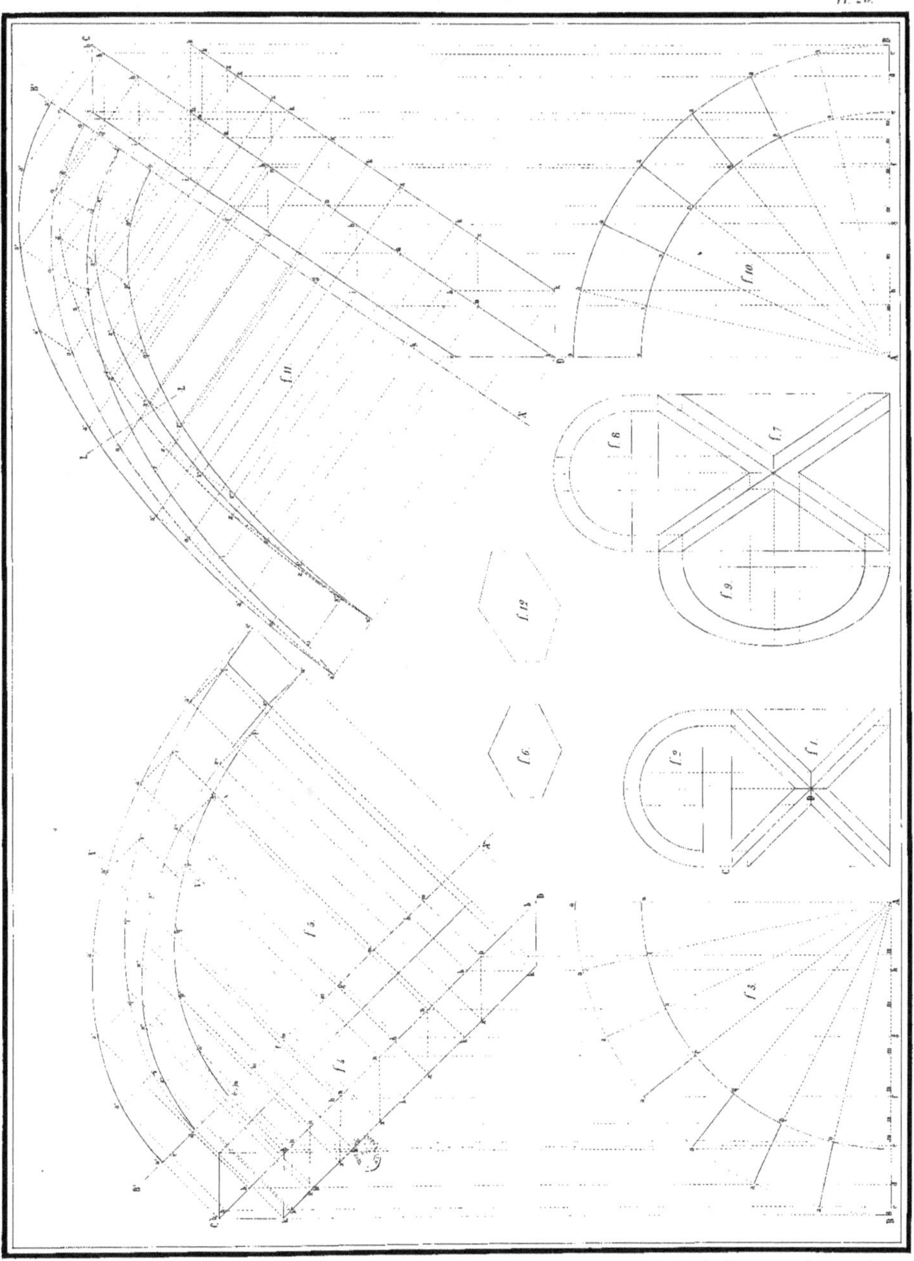

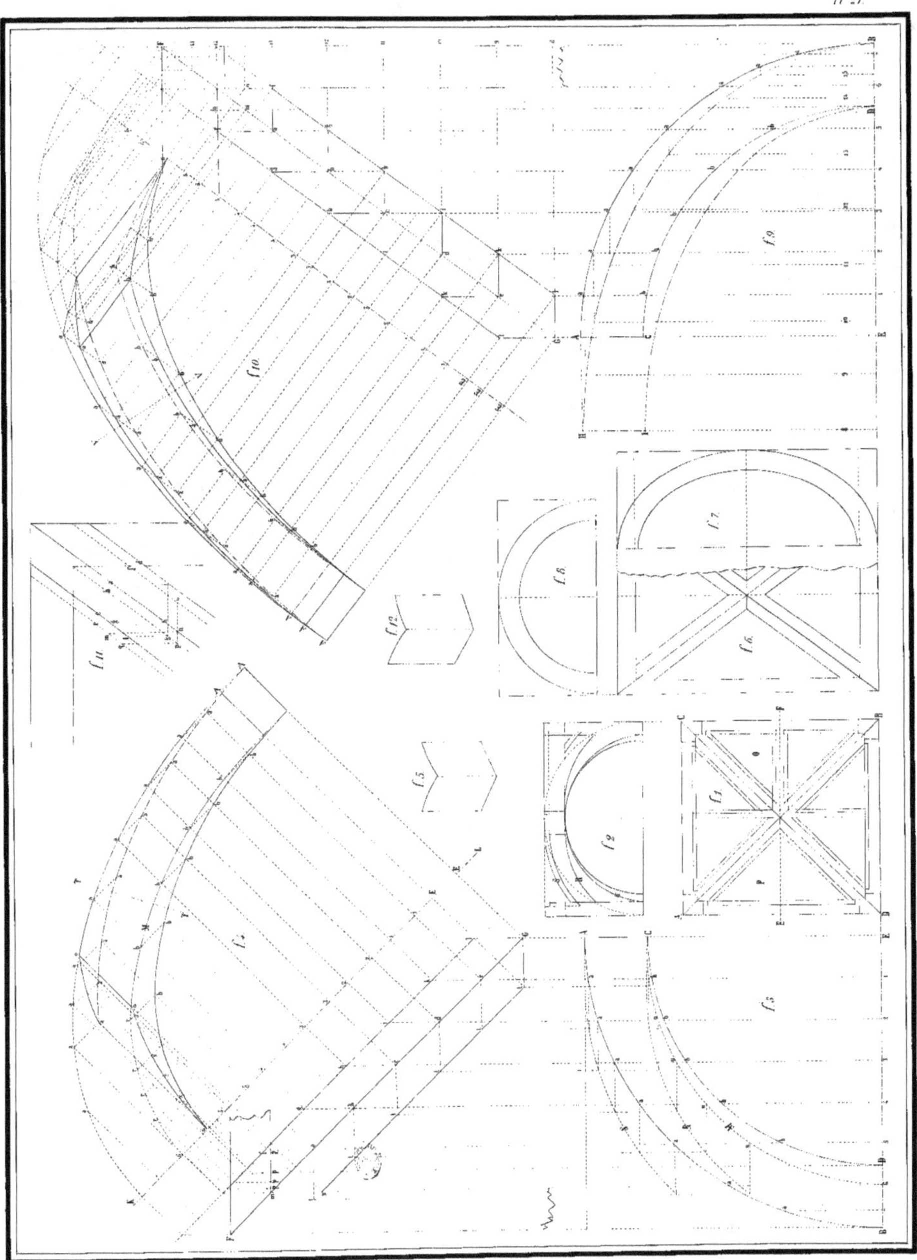

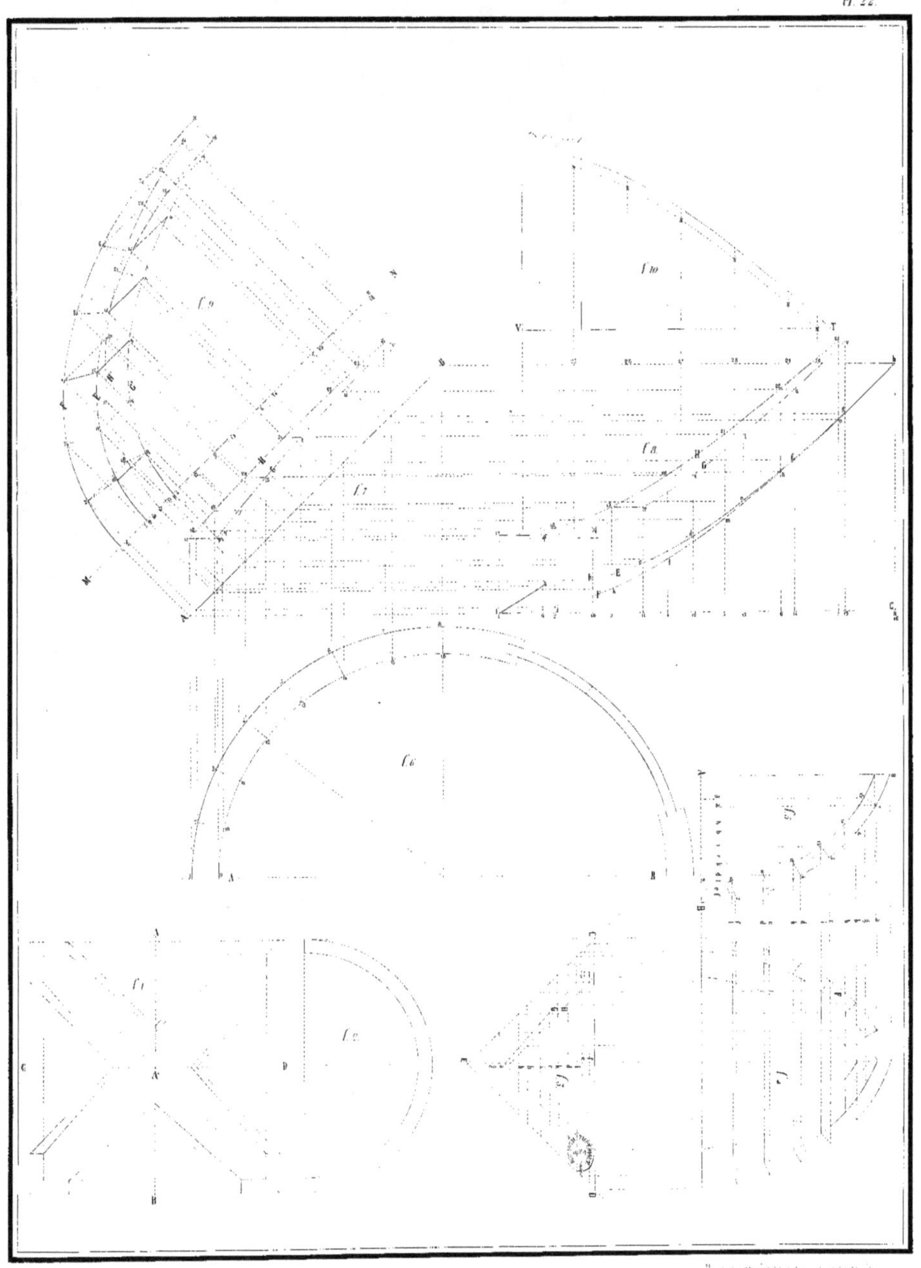

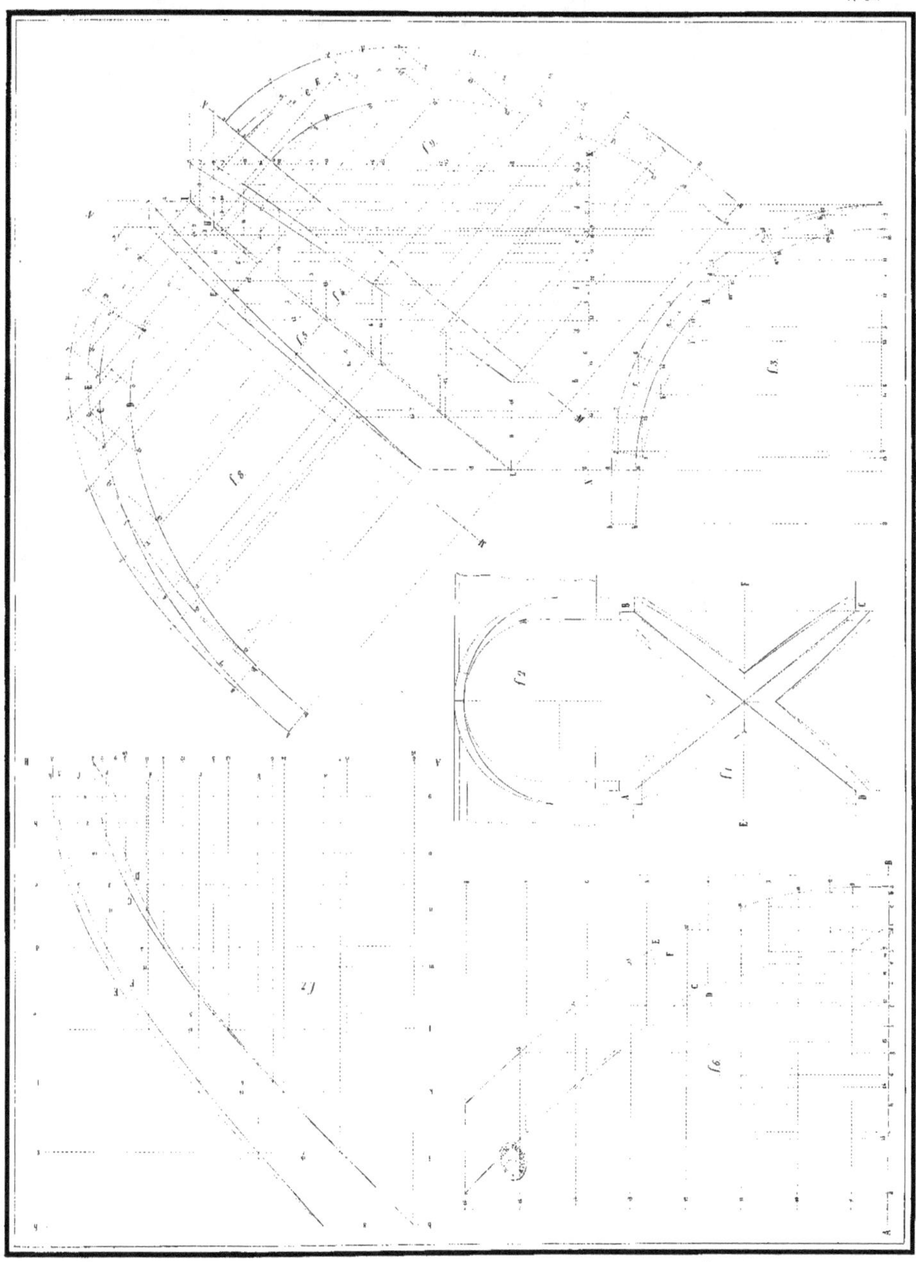

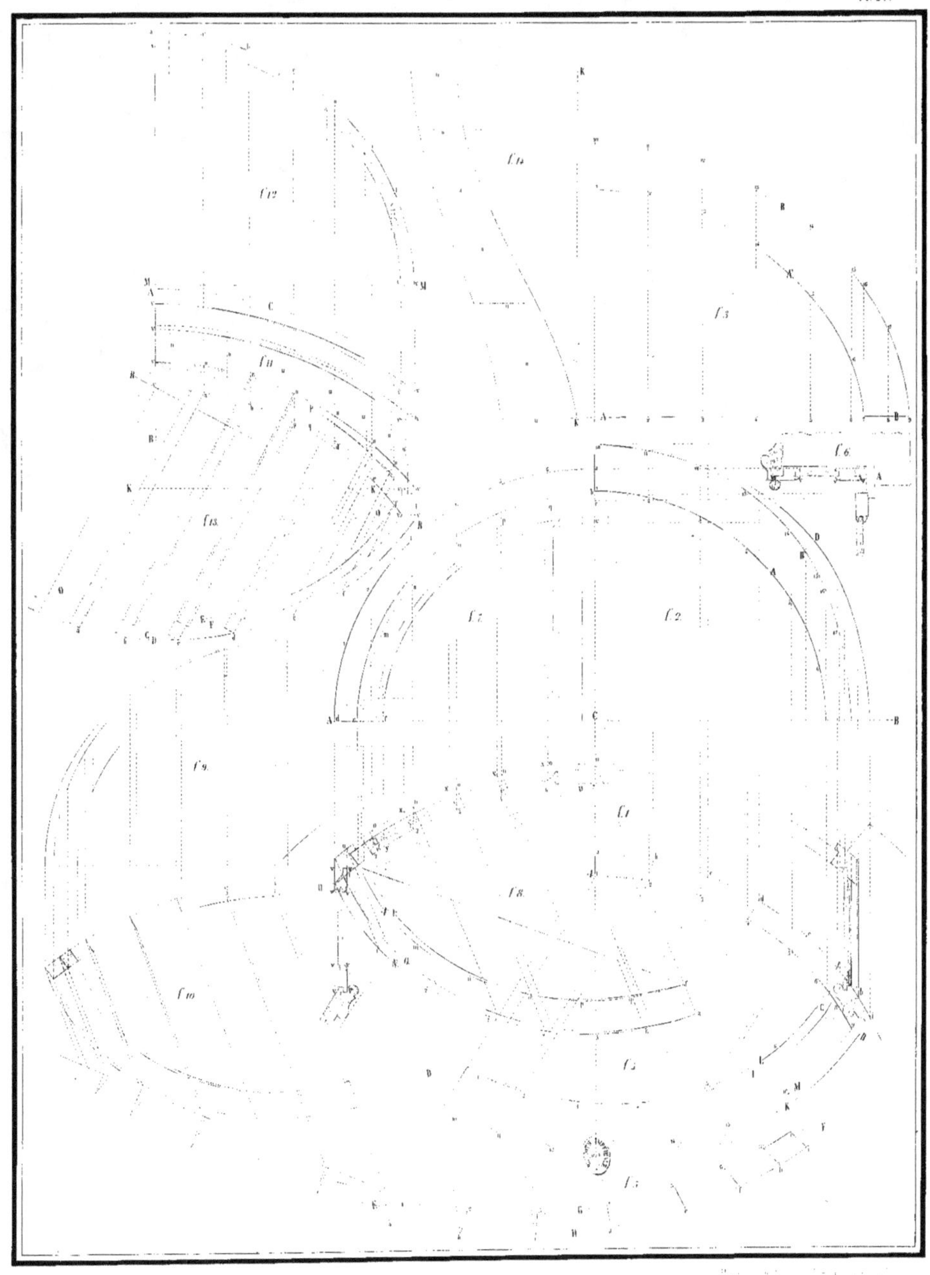

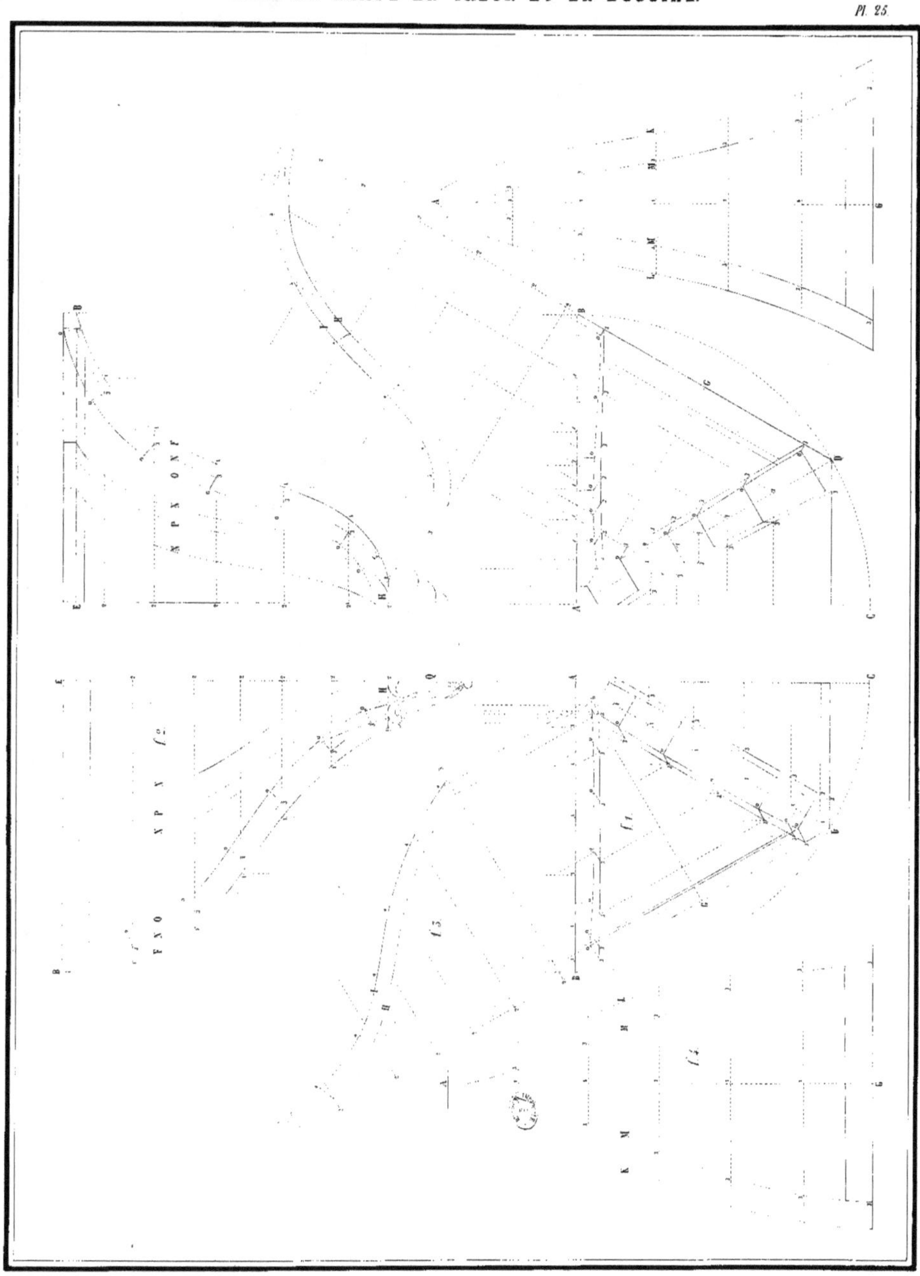

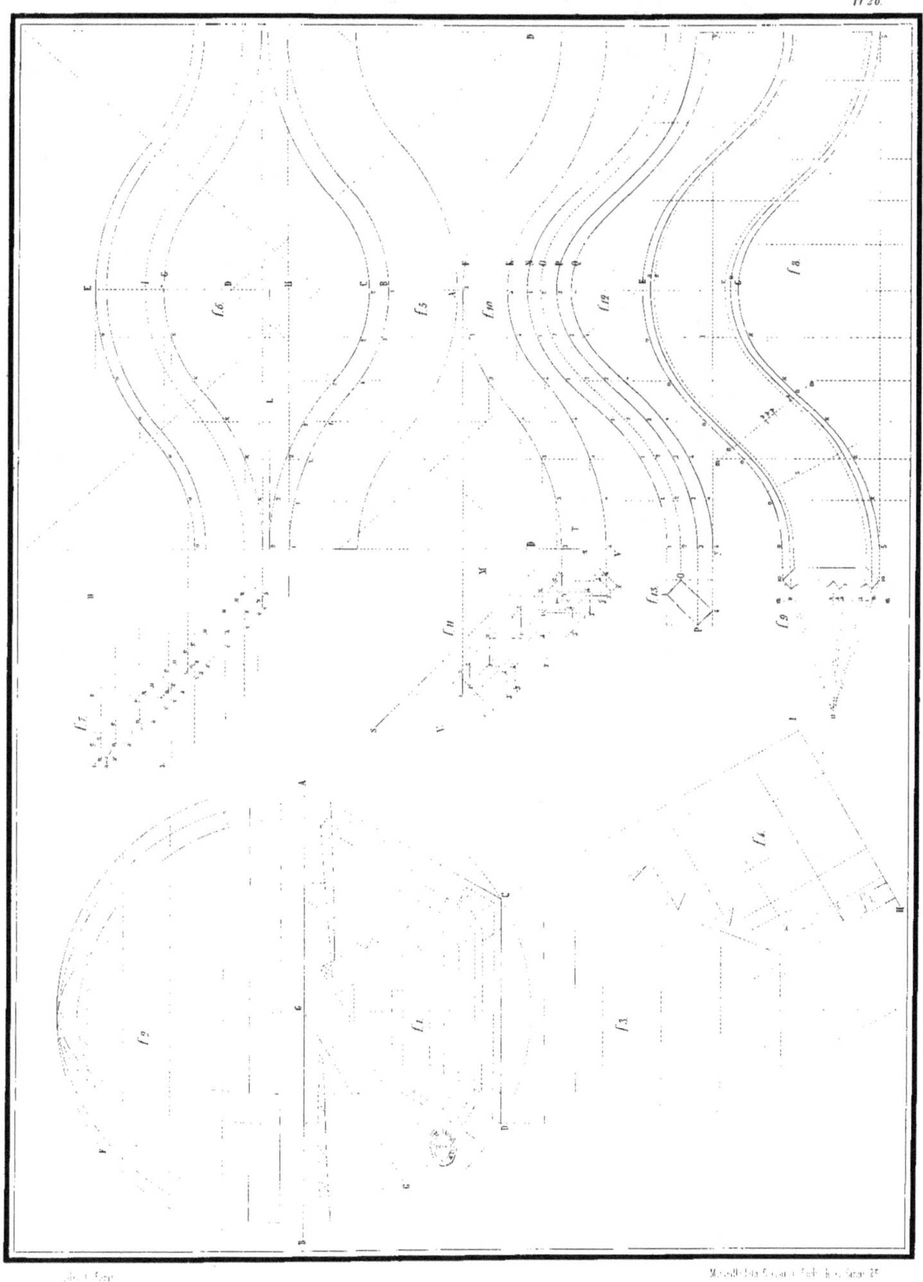

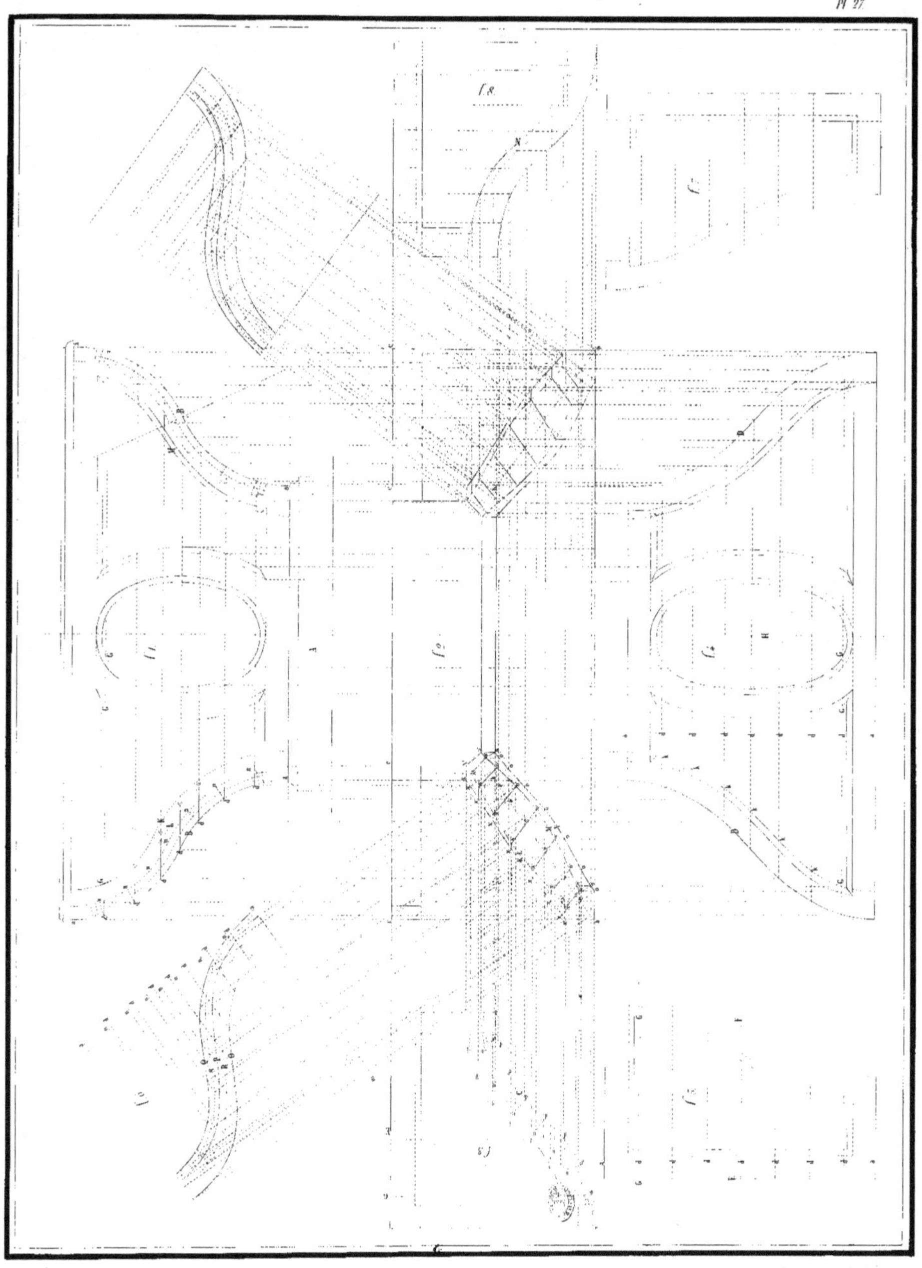

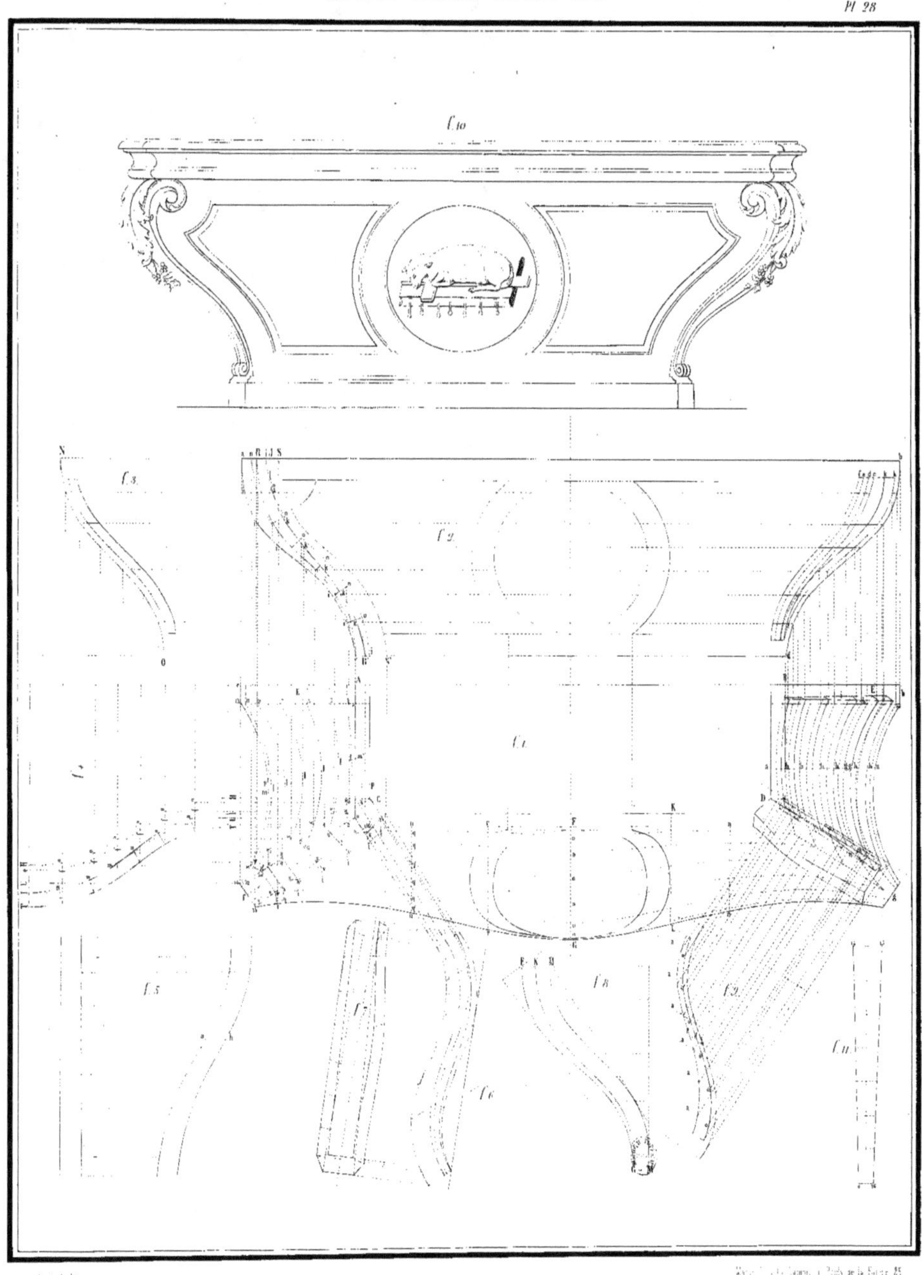

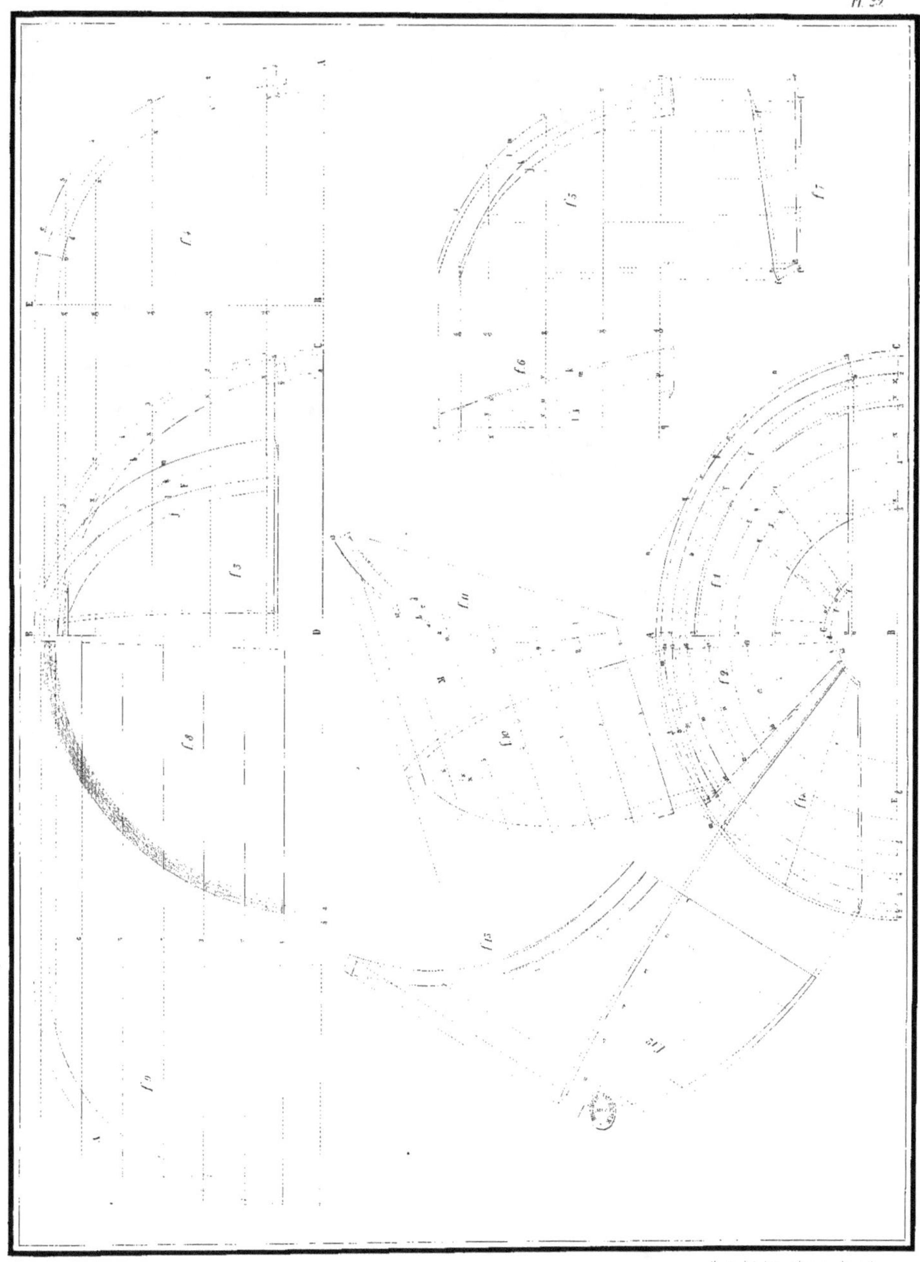

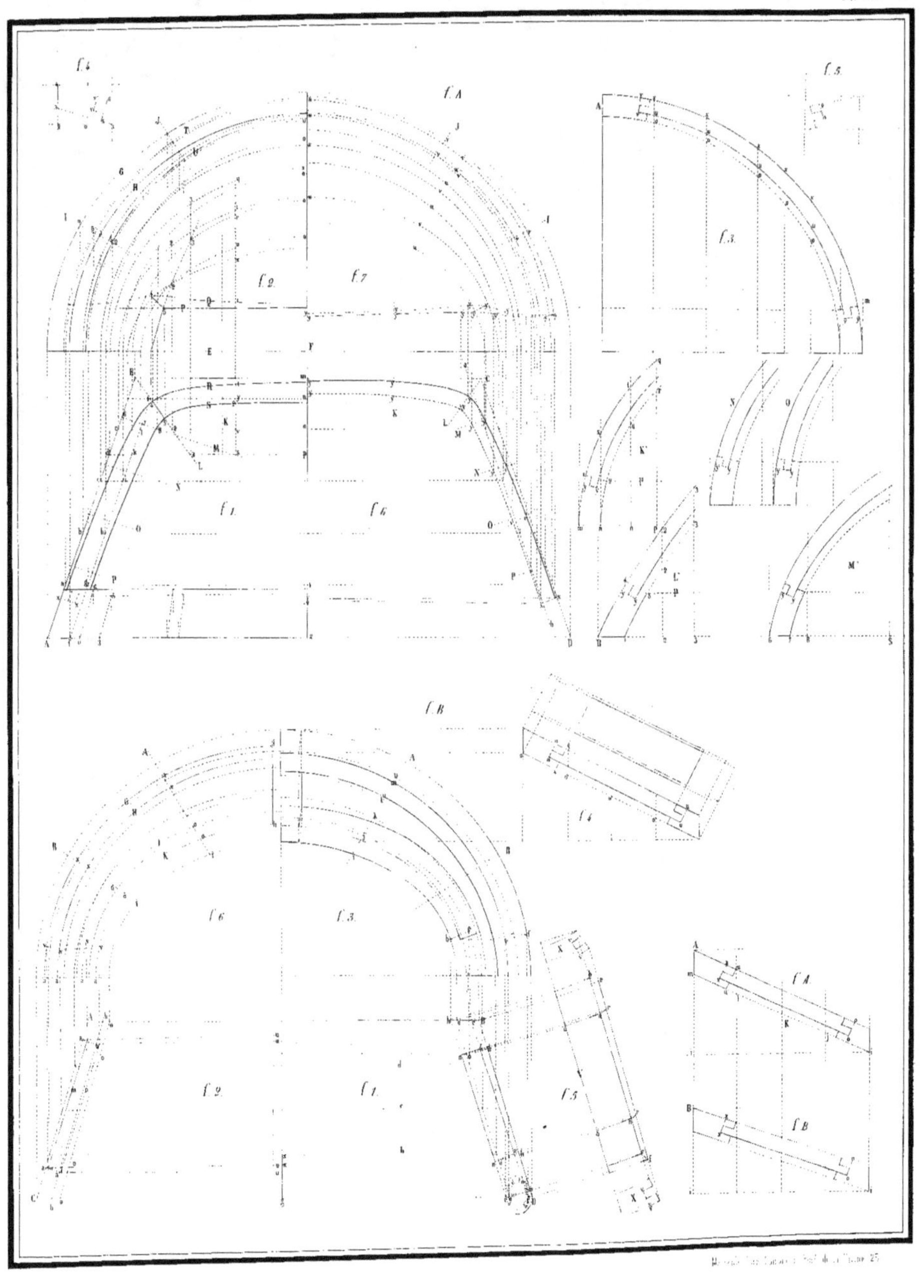

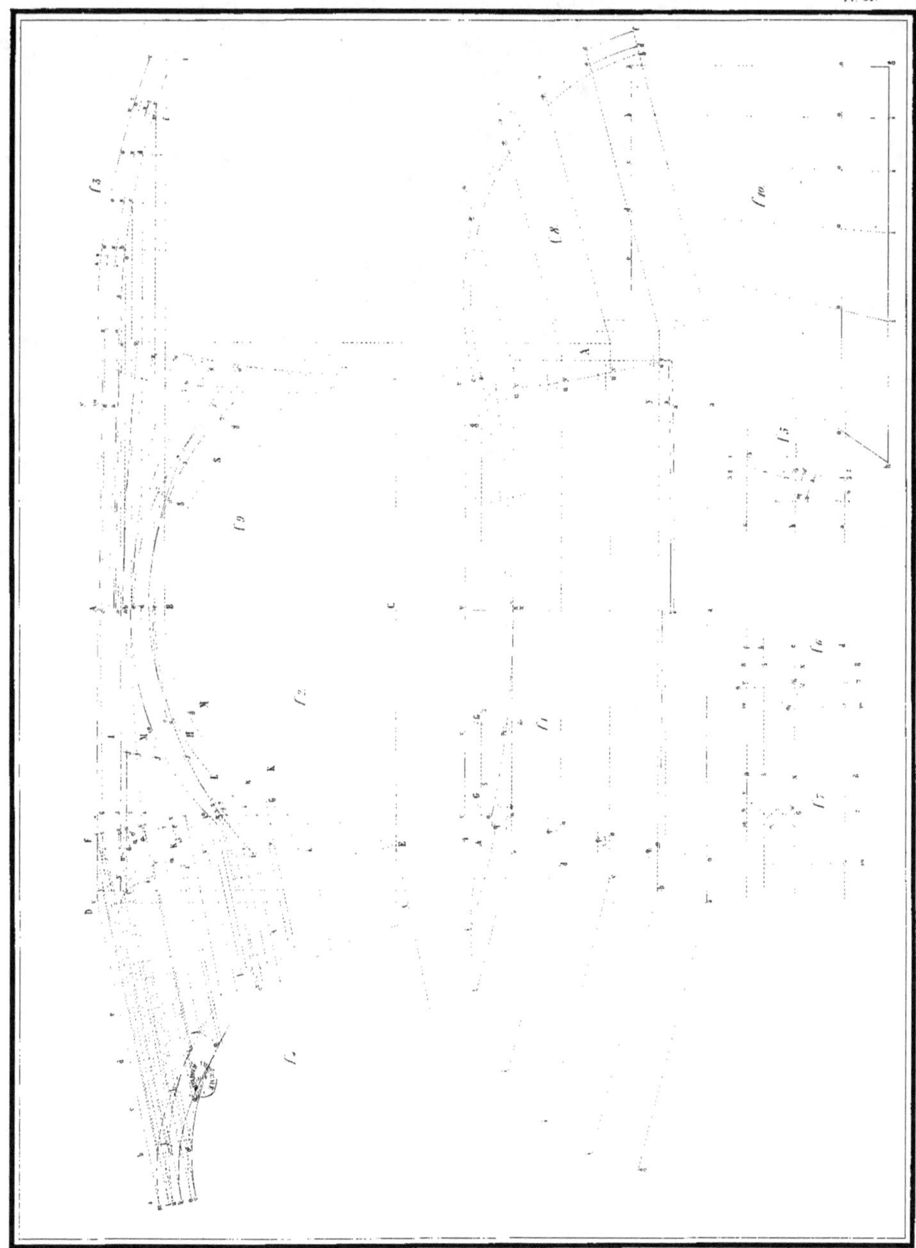

ARRIÈRE VOUSSURE DE MARSEILLE EN ASSEMBLAGE.

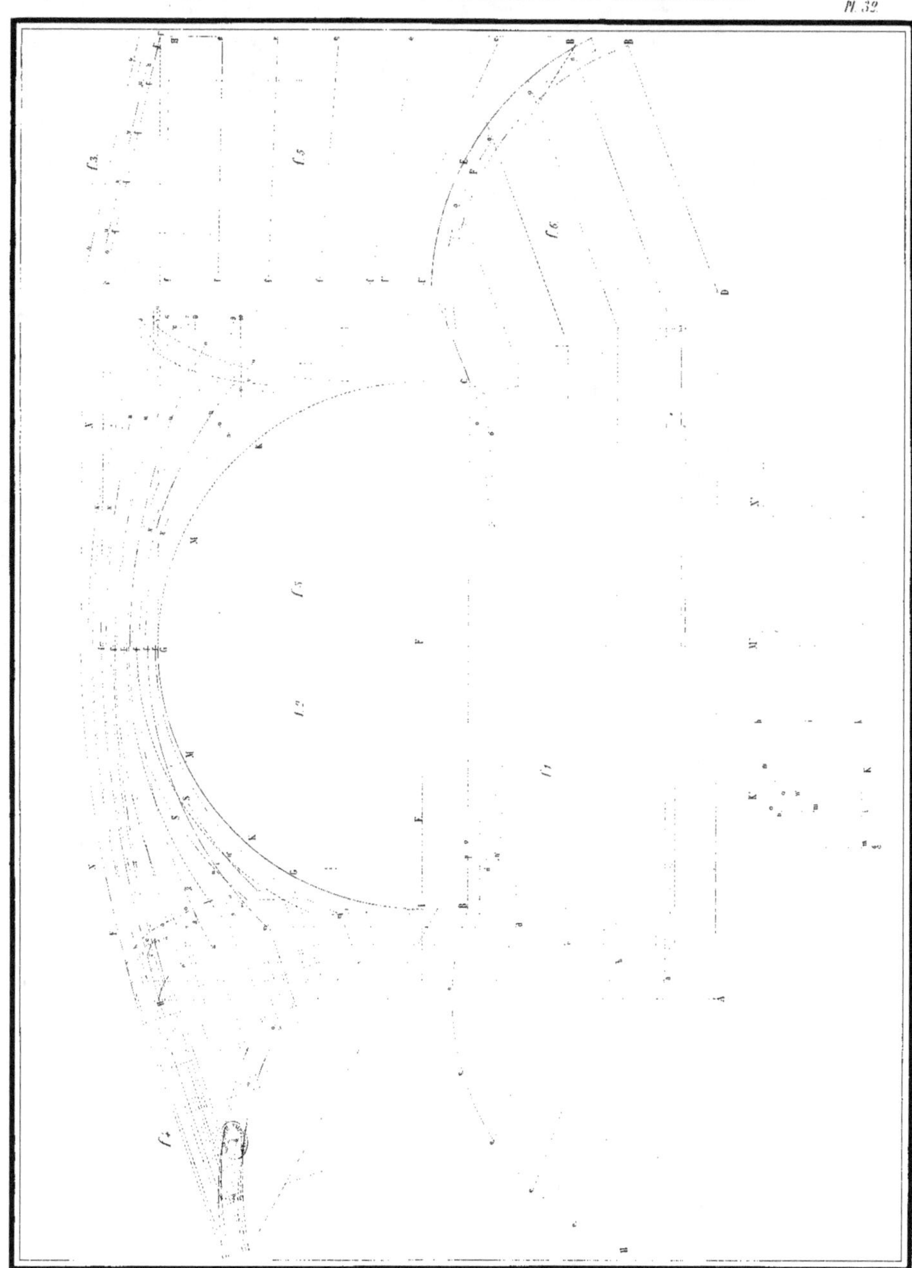

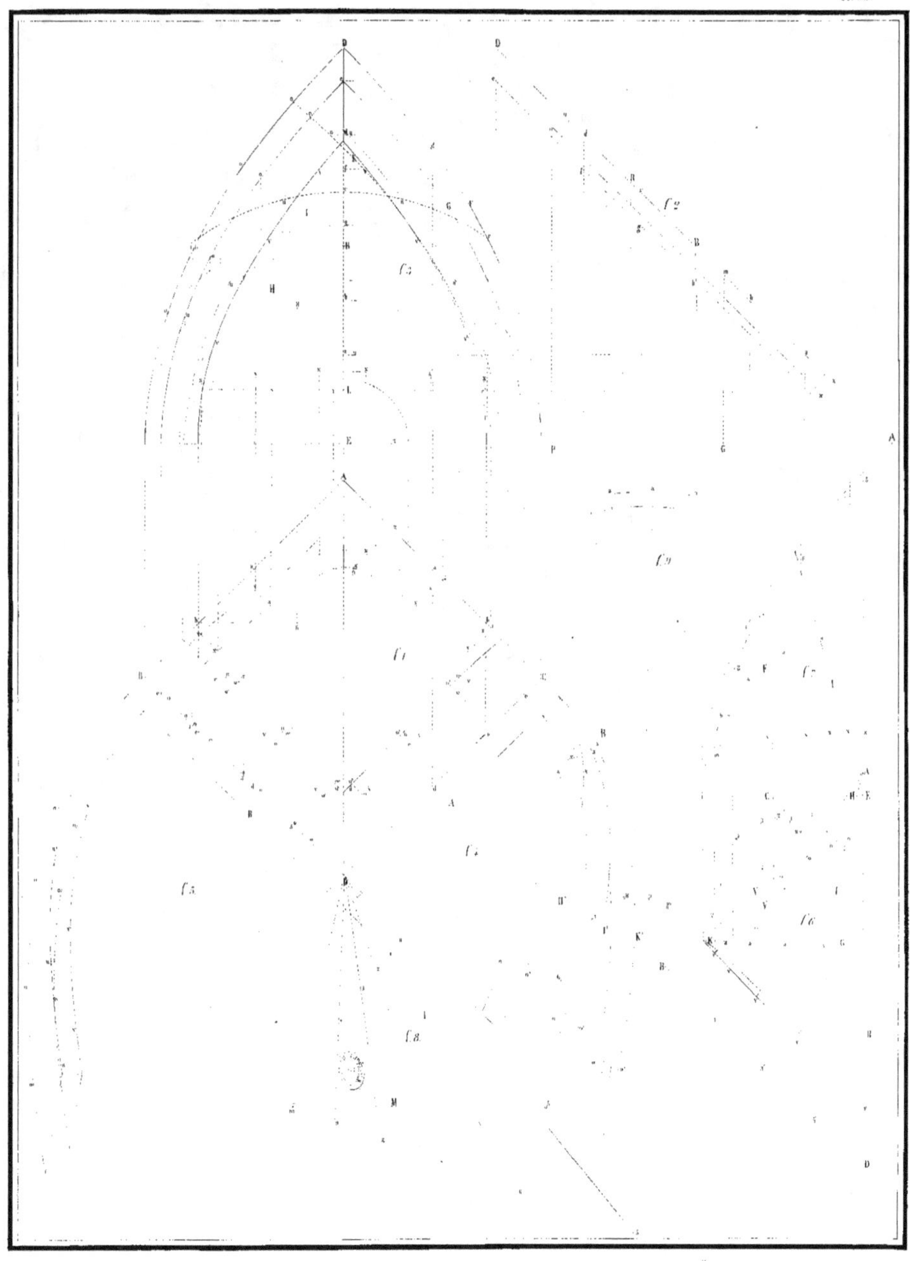

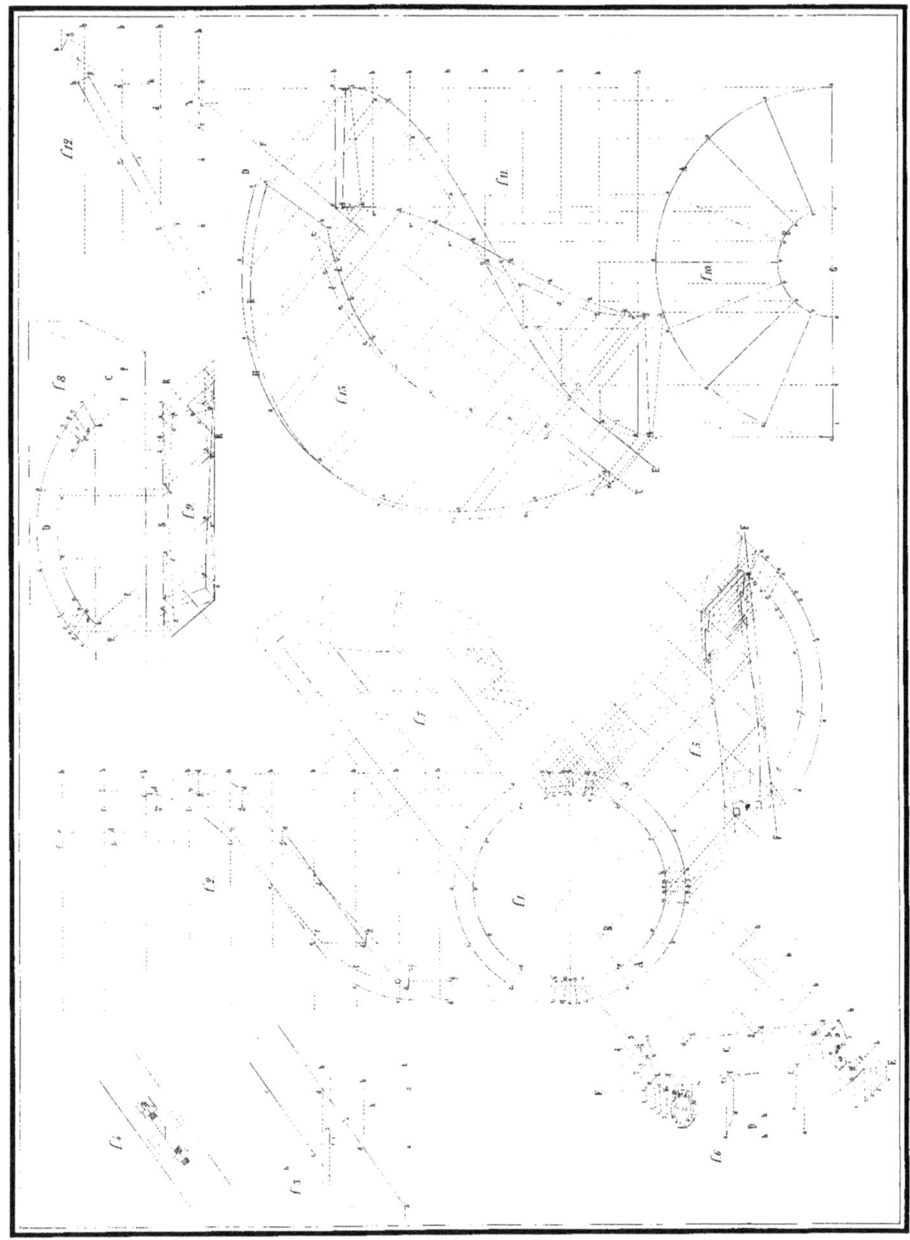

ESCALIER A LIMONS CIRCULAIRE.

Pl. 36.

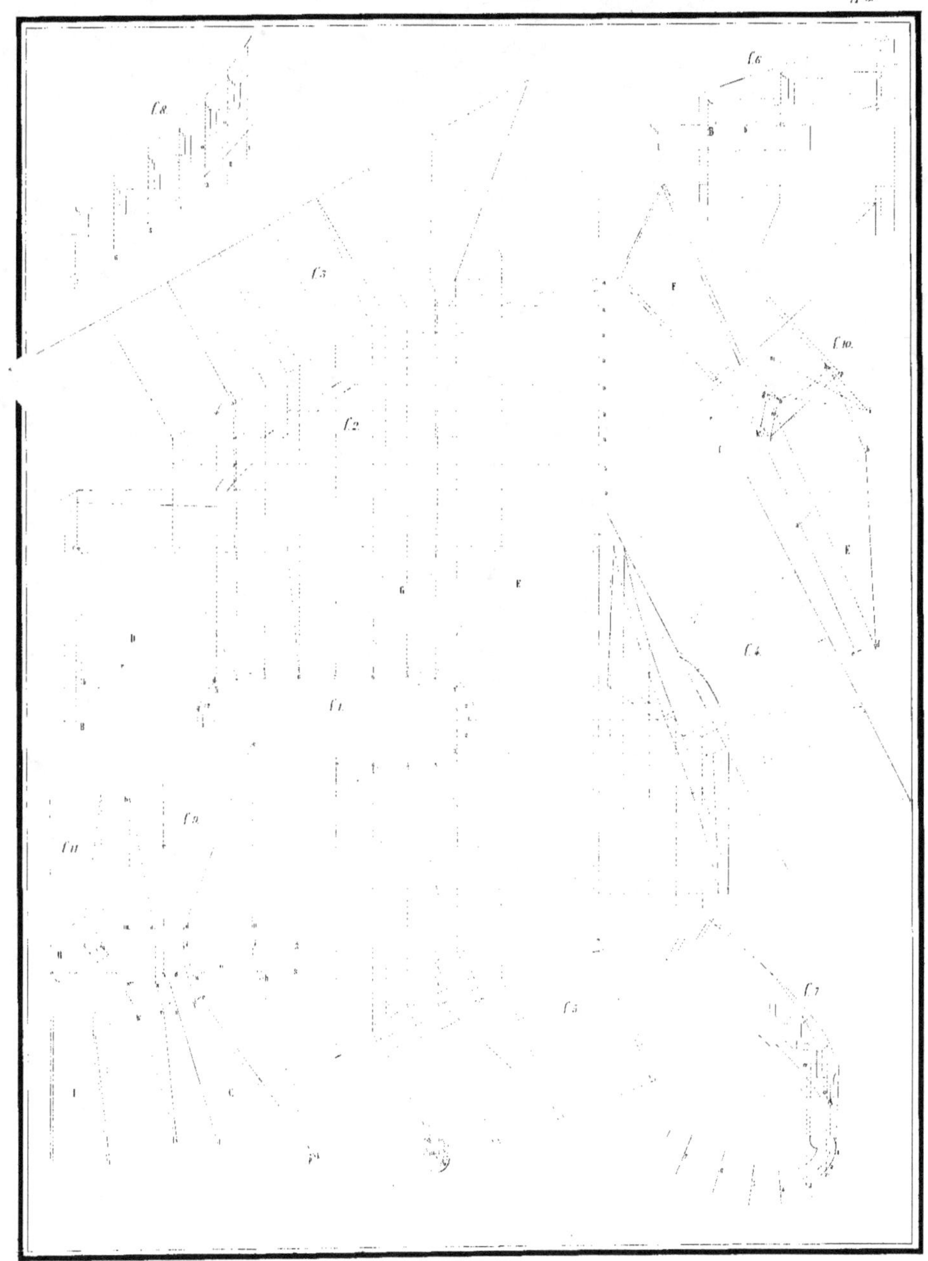

ESCALIER A MARCHES MASSIVES.

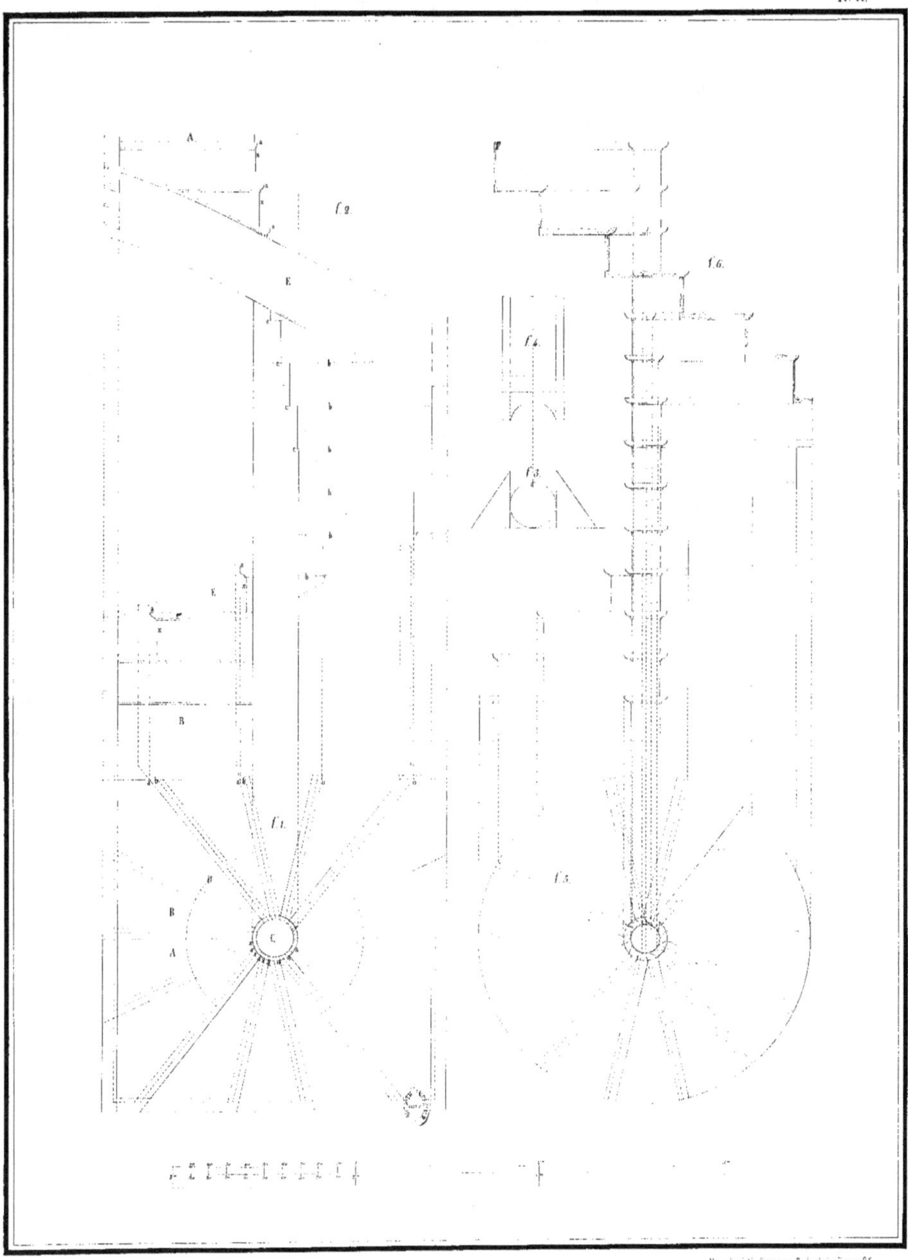

A
f.2.
E
f.4.
f.6.
f.3.
f.1.
f.5.
B
B
A
C

ESCALIER A NOYEAU ÉVIDÉ ET CONSOLES.

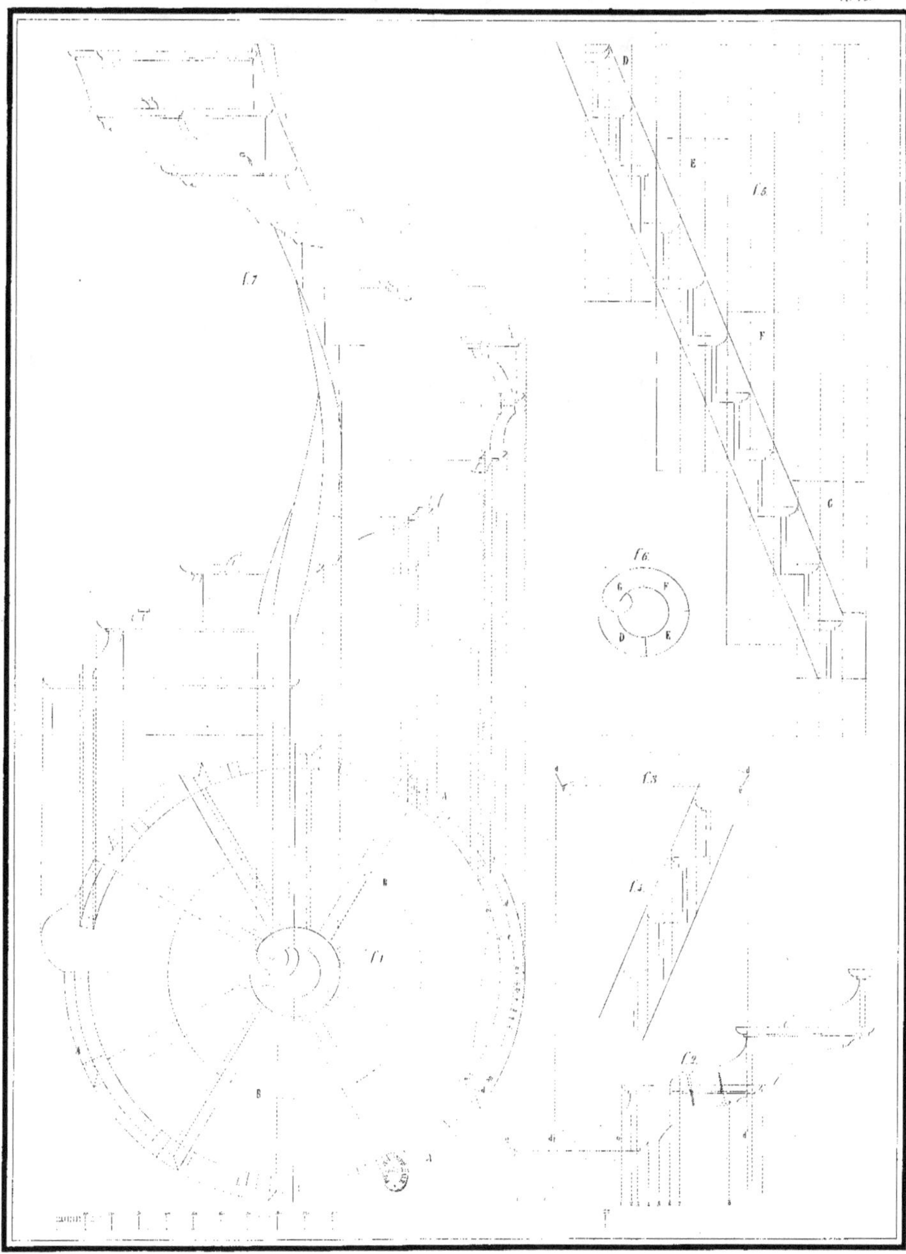

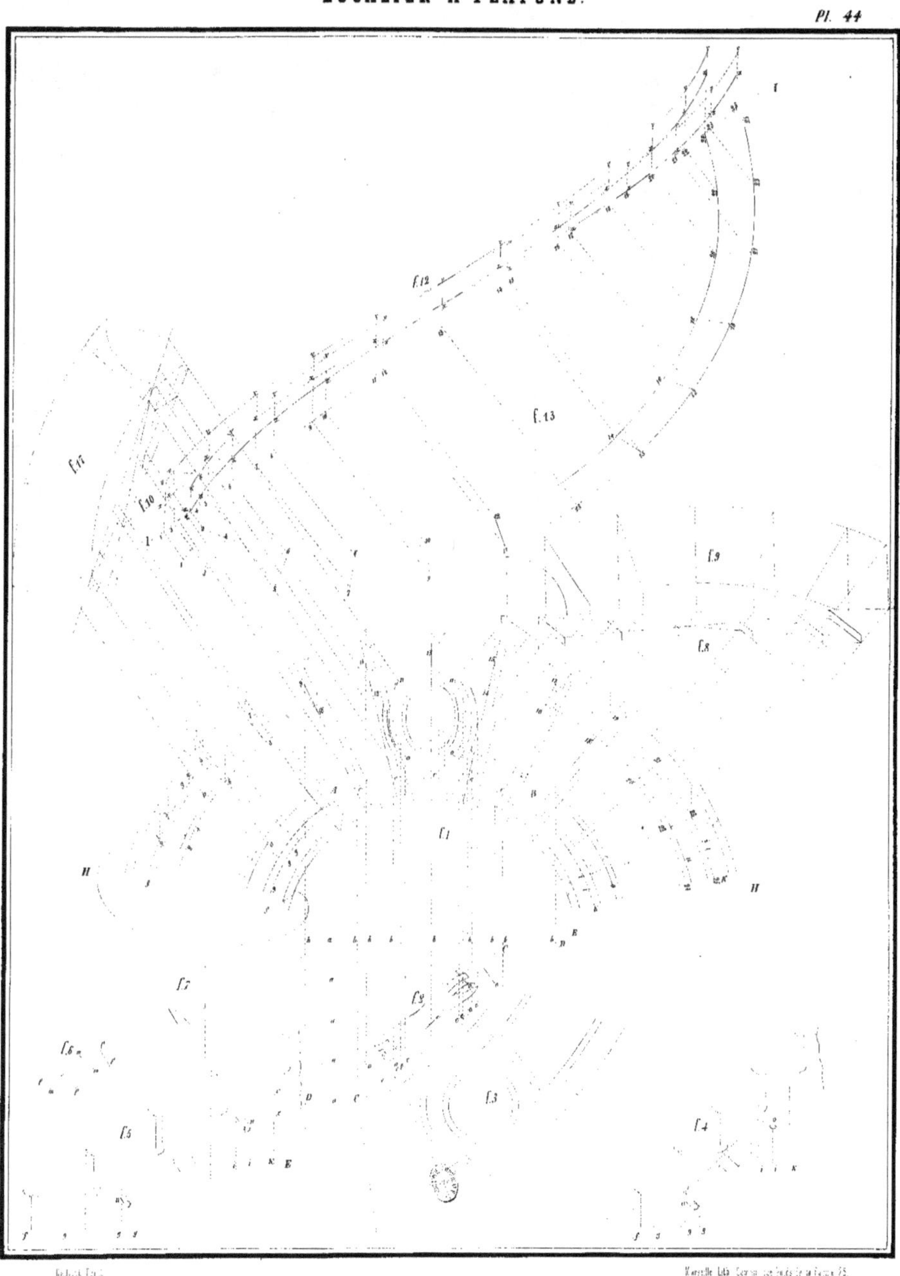
f.12
f.13
f.11
f.10
f.9
f.8
f.1
f.7
f.2
f.3
f.6
f.5
f.4
H
H
A
B
C
D
E
K

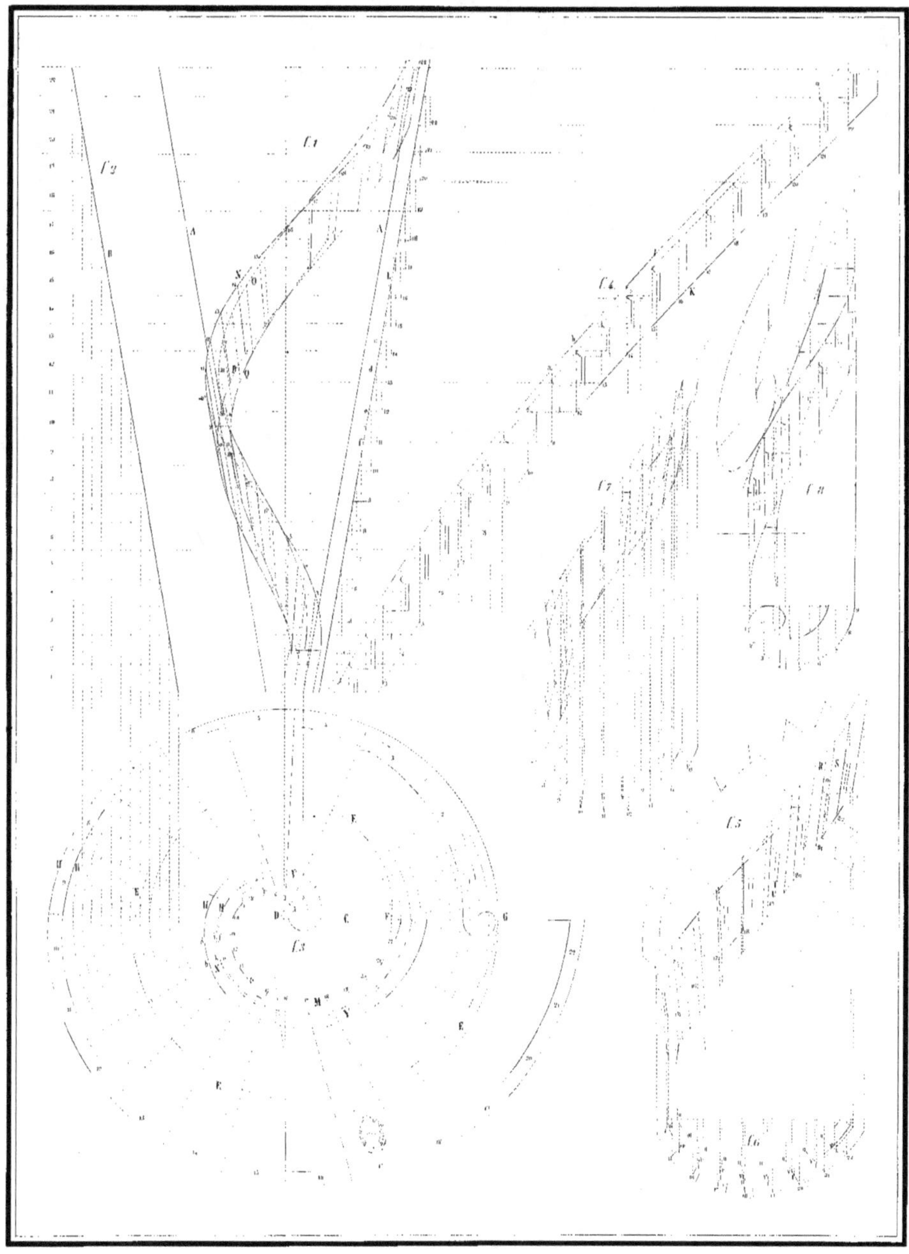

ESCALIER A DOUBLE RÉVOLUTION.

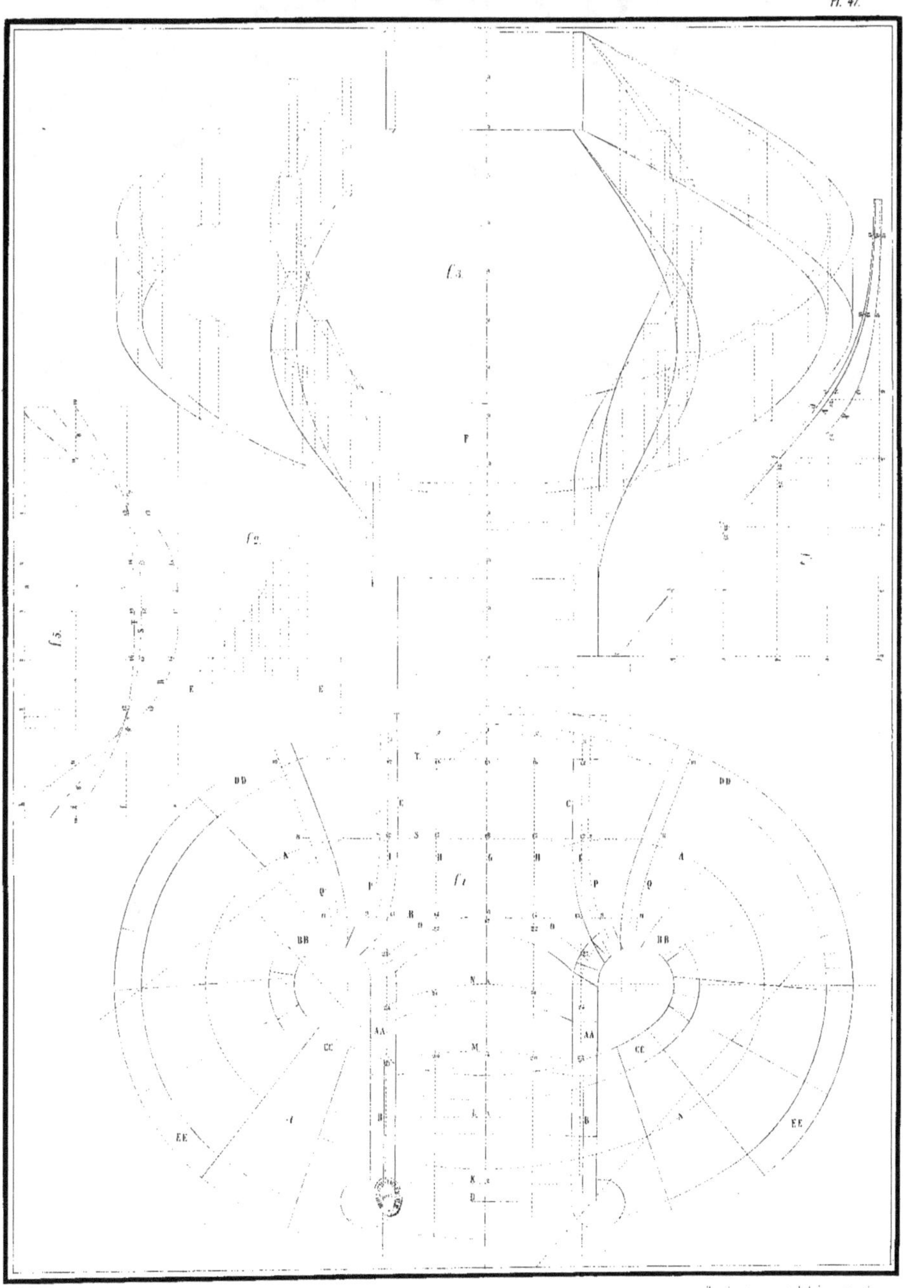

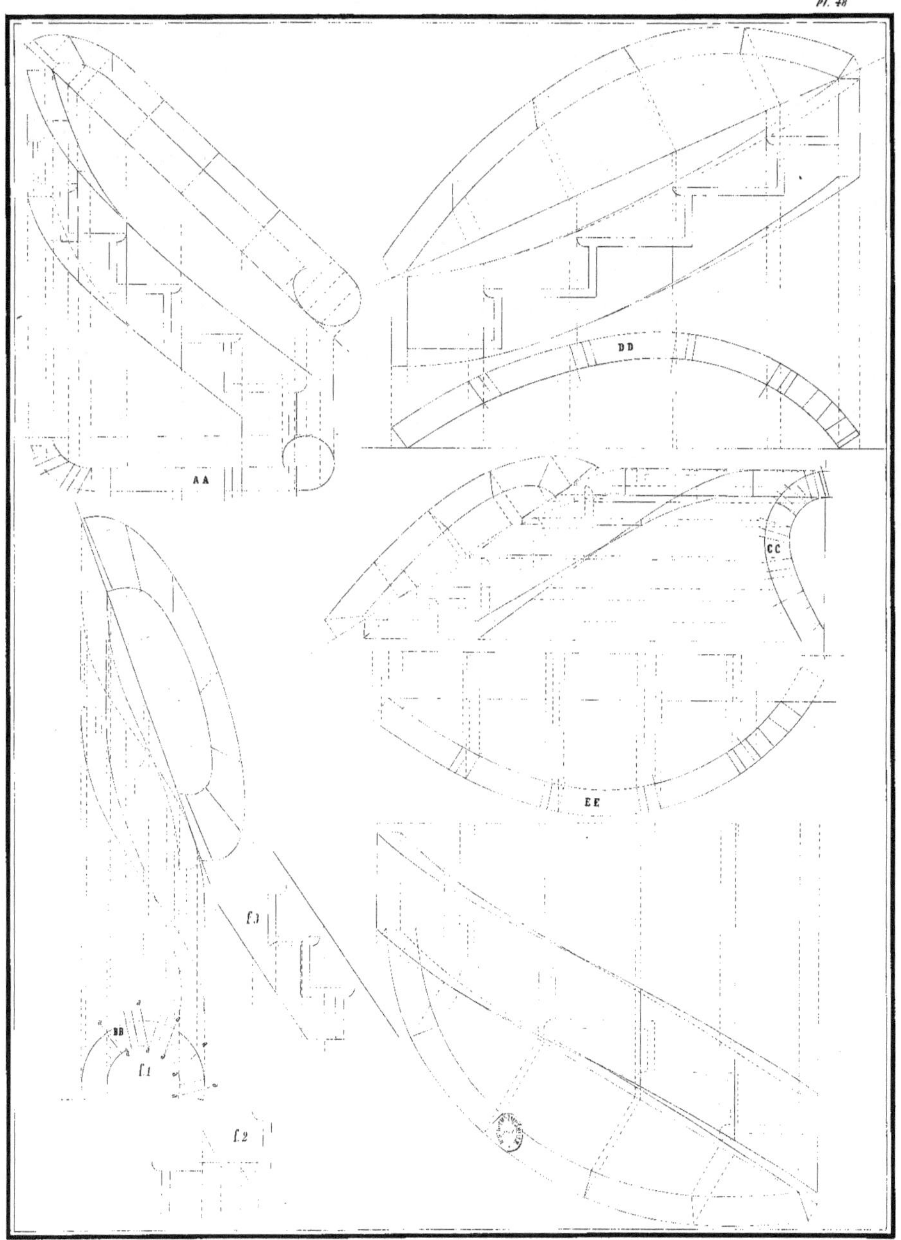
DD
AA
CC
EE
f.3
BB
f.1
f.2

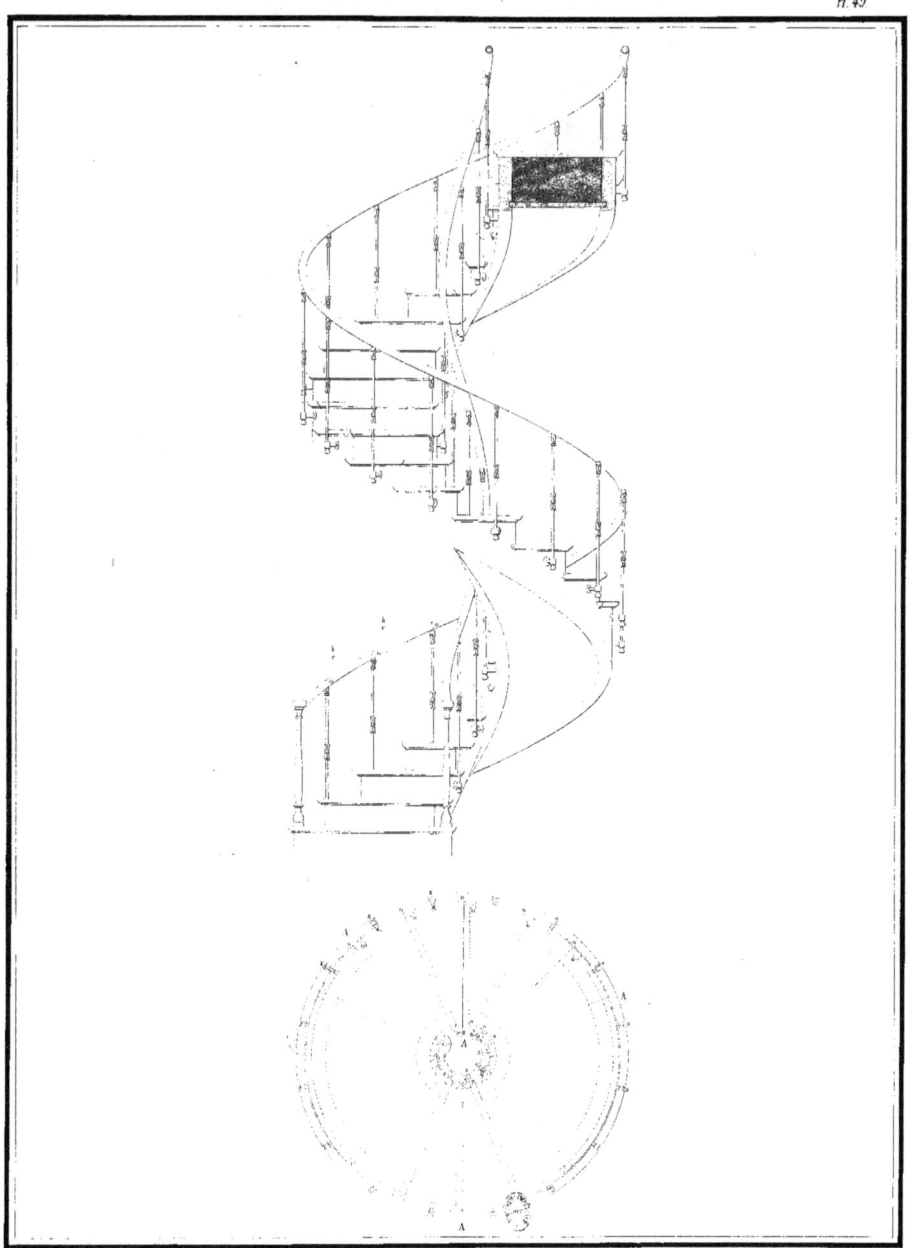

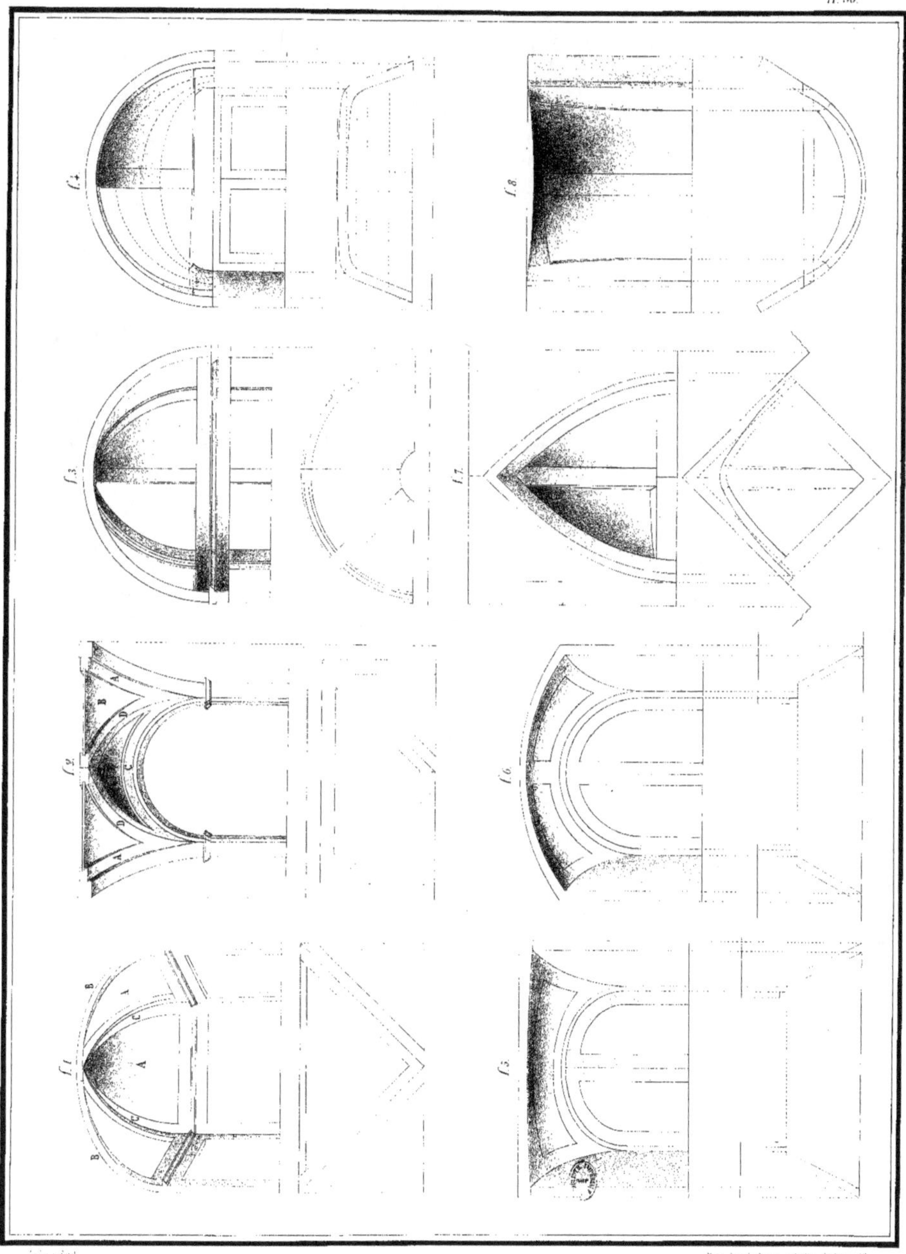